Martin Gardner
aha!
oder das wahre Verständnis der Mathematik

W0077267

Martin Gardner

aha!

oder das wahre Verständnis der Mathematik

Hugendubel

Aus dem Amerikanischen von Immo Diener und Winfried Petri
Zeichnungen von Jim Glen
Die Originalausgabe erschien unter dem Titel "Aha! Insight"

© 1978 Scientific American Inc.

© 1981 der deutschsprachigen Ausgabe Spektrum der Wissenschaft
Verlagsgesellschaft mbH & Co., Heidelberg
Heinrich Hugendubel Verlag, München, 1984
2. Auflage dieser Ausgabe 1987
Alle Rechte vorbehalten

Umschlaggestaltung: Dieter Bonhorst, unter Verwendung einer Zeichnung
von Jim Glen
Produktion: Tillmann Roeder
Druck und Bindung: Passavia GmbH, Passau

ISBN 3 88034 223 7

Printed in Germany

Inhaltsverzeichnis

Vorwort

„Kreativität hat weder mit Logik noch mit Vernunft viel zu tun. Wenn Mathematiker über die Umstände berichten, unter denen sie ihre großen Ideen hatten, dann erwähnen sie oft, daß der entscheidende Einfall absolut nichts mit dem zu tun hatte, was sie gerade taten. Entweder waren sie gerade unterwegs, oder beim Rasieren, oder dachten an etwas völlig anderes. Der kreative Prozeß kann nicht willkürlich in Gang gesetzt werden, er läßt sich auch nicht durch angestrengtes Nachdenken herbeiführen. Tatsächlich scheint er gerade dann einzusetzen, wenn der Geist sich entspannt und die Gedanken frei umherschweifen.“
Morris Kline, *Scientific American,* März 1955.

Verhaltensforscher erzählen gern die Geschichte von ihrem Kollegen, der die Fähigkeit von Schimpansen untersuchte, Probleme zu lösen. Er hängte eine Banane mit einem Faden so hoch in der Mitte der Zimmerdecke auf, daß der Affe sie durch Springen nicht erreichen konnte. Das Zimmer war ansonsten leer, bis auf einige zufällig auf dem Boden verteilte Pappkartons. In dem Versuch sollte festgestellt werden, ob der Schimpanse die Kartons in der Zimmermitte zu einem Turm stapeln und dann hinaufklettern würde, um an die Banane zu gelangen.

Während der Verhaltensforscher die Kartons planvoll im Zimmer verteilte, saß der Schimpanse ruhig in seiner Ecke. Er wartete geduldig, bis der Professor zufällig unter der aufgehängten Banane vorbeiging. Als er sich genau unter der begehrten Frucht befand, sprang der Affe blitzartig auf die Schulter des Forschers, langte nach oben und holte sich die Banane.

Und die Moral von der Geschicht': Ein scheinbar schwieriges Problem kann eine unerwartet einfache Lösung haben. Im vorliegenden Fall ist der Schimpanse vielleicht nur seinem Instinkt gefolgt oder hat frühere Erfahrungen ausgewertet, aber auf jeden Fall hat er das Problem auf eine Art gelöst, an die der Professor nicht gedacht hatte.

Tief im Herzen der Mathematiker sitzt ein Trieb, der sie ständig nach einfacheren Beweisen für die Sätze und nach einfacheren Lösungsmethoden für die algorithmischen Probleme der Mathematik suchen läßt. Oft ist der erste Beweis eines Satzes mehr als fünfzig Seiten lang und besteht aus einer dichten Folge komplizierter Schlüsse. Einige Jahre später hat dann ein anderer, vielleicht nicht so berühmter Mathematiker einen plötzlichen Gedankenblitz und findet einen Beweis, der nur wenige Zeilen lang ist.

Plötzliche Einsichten dieser Art, die dann zu kurzen, eleganten Problemlösungen führen, werden von den Psychologen aha!-Erlebnisse genannt. Sie kommen unerwartet, wie aus heiterem Himmel. Eine bekannte Anekdote berichtet, wie William Rowan Hamilton, ein berühmter irischer Mathematiker, beim Überqueren einer steinernen Brücke die Quaternionen einführte. Mitten auf der Brücke fiel ihm ein, daß man auch arithmetische Systeme konstruieren könnte, in denen das Kommutativgesetz nicht gilt. Er war von dieser plötzlichen Eingebung so überwältigt, daß er stehenblieb und die grundlegenden Formeln in die Steine der Brücke ritzte. Es heißt, daß sie dort noch heute zu sehen sind.

Was genau geht eigentlich im Bewußtsein eines kreativen Menschen vor, wenn eine Idee sich einstellt? Niemand weiß es. Es handelt sich um irgendeinen mysteriösen Vorgang, den auch noch keiner einem Computer beibringen konnte. Computer lösen Aufgaben, indem sie Schritt für Schritt die Befehle eines Programms ausführen. Nur weil der Computer die einzelnen Schritte mit ungeheuer großer Geschwindigkeit ausführt, können mit seiner Hilfe Probleme gelöst werden, an denen ein Mathematiker ohne Unterbrechung mehrere tausend Jahre rechnen müßte.

Die plötzliche Ahnung, der kreative Sprung des Verstandes, der — als ob plötzlich das Licht angeknipst worden wäre — die einfache Lösung eines Problems „sieht", unterscheidet sich grundsätzlich von dem, was man allgemein als Intelligenz bezeichnet. Kürzlich durchgeführte Untersuchungen zeigen, daß Menschen mit hohem aha!-Potential zwar niemals unterdurchschnittlich intelligent sind, daß es aber darüber hinaus keinen Zusammenhang zwischen höherer Intelligenz und kreativem Denken zu geben scheint. Der eine mag bei einem Standard-Intelligenztest einen extrem hohen I.Q. erreichen und wird doch nur selten ein aha! erleben. Ein anderer wird auf vielen Gebieten Schwächen zeigen und doch ein großes aha!-Potential besitzen. Einstein zum Beispiel war in der klassischen Mathematik keineswegs besonders gut, überhaupt waren seine Leistungen in

Schule und Universität eher mittelmäßig. Aber sein Durchblick, der zur allgemeinen Relativitätstheorie führte, stellte die gesamte Physik auf den Kopf.

Dieses Buch enthält eine sorgfältige Auswahl von Problemen, die schwierig aussehen und wirklich schwierig werden, wenn man versucht, sie auf herkömmliche Weise zu lösen. Wenn Sie jedoch Ihrem Verstand erlauben, der Zwangsjacke standardisierter Lösungstechniken zu entschlüpfen, dann werden Sie empfänglich für überraschende aha!s, die sofort zur Lösung führen. Lassen Sie sich nicht entmutigen, wenn Sie am Anfang noch Schwierigkeiten haben. Denken Sie immer wieder nach, setzen Sie Ihre Phantasie ein, bevor Sie aufgeben und die Lösung im Anhang nachschlagen. Es wird nicht lange dauern, bis Sie sich an das Verlassen der eingetretenen Pfade gewöhnt, bis Sie an dieser Art nichtlinearen Denkens Geschmack gefunden haben. Überrascht werden Sie feststellen, wie schnell Ihr aha!-Potential wächst. Dann werden Sie auch merken, daß diese Fähigkeit auch im täglichen Leben hilft. Nehmen wir an, Sie wollen eine Schraube anziehen. Müssen Sie dann wirklich erst einen Schraubenzieher suchen? Läßt sich nicht auch ein Pfennig aus Ihrer Tasche verwenden?

Viele Rätsel dieser Sammlung können Sie mit großem Erfolg an Ihren Freunden und Freundinnen ausprobieren. Oft werden sie lange über eines der Probleme nachdenken und dann aufgeben, weil es ihnen zu schwierig ist. Wenn Sie ihnen dann die einfache Lösung sagen, werden sie in den meisten Fällen in Gelächter ausbrechen. Warum lachen sie? Die Psychologen sind sich nicht sicher, aber einige ihrer Untersuchungen kreativen Denkens legen einen gewissen Zusammenhang zwischen Humor und kreativen Fähigkeiten nahe. Vielleicht liegen Kreativität und Spaß am Spiel ganz nahe beieinander. Der kreative Rätselrater scheint die Herausforderung durch ein Rätsel in ähnlicher Art zu genießen, wie ein anderer ein Fußballspiel oder eine Partie Schach. Die Spiellaune scheint ihn empfänglich zu machen für den Geistesblitz, der die Lösung des Problems bringt.

aha!-Potential ist nicht das gleiche wie Schnelligkeit beim Denken. Ein langsamer Denker kann ein Problem genauso, wenn nicht besser, genießen als ein schneller, und er mag sogar eher auf die unerwar-

teten Lösungen stoßen. Die Befriedigung über eine besonders einfache Lösung kann auch Motivation dafür sein, mehr über herkömmliche Lösungsmethoden zu lernen. Dieses Buch richtet sich an jeden Leser, der einen gesunden Humor besitzt und die Rätsel verstehen kann.

Ganz bestimmt aber besteht ein enger Zusammenhang zwischen aha!-Potential und Kreativität in Wissenschaft, Kunst, Wirtschaft, Politik und jeder anderen menschlichen Aktivität. Die großen Umwälzungen in der Wissenschaft sind fast immer das Ergebnis unerwarteter Gedankensprünge. Was ist schon Wissenschaft, wenn nicht die Lösung der schwierigen Fragen, die das Universum stellt? Mutter Natur schafft etwas Interessantes und ruft die Wissenschaftler auf, herauszufinden, wie sie es macht. In vielen Fällen wird die Lösung weder durch systematisches Probieren gefunden, etwa in der Art, in der Thomas Edison den richtigen Draht für seine elektrische Lampe gefunden hat, noch durch Deduktion aus vorhandenem Wissen. Oft besteht die Lösung aus einer „Heureka"-Erfahrung. Der Ausruf „Heureka" („ich habe es gefunden") stammt aus der alten Anekdote, wie Archimedes das hydrostatische Grundprinzip entdeckte. Der plötzliche Einfall kam ihm beim Baden, und nach der Legende war er so außer sich vor Freude, daß er aus dem Bade sprang und nackt, wie er war, die Straße entlangrannte und rief: „Heureka! Heureka!".

Wir haben die Rätsel in diesem Buch nach sechs Kategorien eingeteilt: Kombinatorik, Geometrie, Zahlentheorie, Logik, Prozeduren und Sprache. So weit gefaßte Gebiete überlappen sich natürlich und manches Problem aus der einen Kategorie könnte sich ebenso gut in einer anderen finden. Wir haben versucht, jede Aufgabe mit einer kleinen Geschichte einzuleiten, die Sie in spielerische Stimmung versetzen soll. Unsere Hoffnung ist, daß diese Stimmung Sie aus eingefahrenen Denkgewohnheiten herausreißen möge. Wir raten Ihnen dringend: jedesmal, wenn Sie ein neues Rätsel angehen, betrachten Sie es unter jedem Gesichtspunkt, egal wie absonderlich, ehe Sie versuchen, es auf herkömmliche Weise zu lösen.

Auf jede der so humorvoll von dem kanadischen Graphiker Jim Glen illustrierten Aufgaben folgen einige Anmerkungen. Dort werden ähnliche Probleme betrachtet und oft kann gezeigt werden, welche wichtigen Gebiete der modernen Mathematik von der Aufgabe angesprochen werden. Und manchmal kommen Probleme vor, die noch immer ungelöst sind.

Wir haben auch versucht, ein paar allgemeine Leitlinien zu finden, auf denen sich aha!-Denken manchmal bewegt:

1. Kann das Problem auf ein einfacheres zurückgeführt werden?
2. Kann das Problem in ein isomorphes umgewandelt werden, das einfacher zu lösen ist?
3. Kann man einen einfachen Algorithmus zur Lösung finden?
4. Läßt sich ein Satz aus einem anderen Zweig der Mathematik anwenden?
5. Kann man das Ergebnis durch Beispiele oder Gegenbeispiele überprüfen?
6. Enthält die Aufgabe Informationen, die für die Lösung unerheblich sind und die nur vom richtigen Weg ablenken?

Wir leben in einer Zeit, in der die Versuchung immer größer wird, alle mathematischen Probleme durch Schreiben von Computerprogrammen zu lösen. Der Computer mag die Lösung in wenigen Sekunden finden, indem er in rasender Geschwindigkeit alle Möglichkeiten durchprobiert, aber es kann Tage dauern, bis dafür ein gutes Programm geschrieben und ausgetestet ist. Oft erfordert sogar das Schreiben eines guten Programms ein echtes aha! Aber wenn man erst das richtige aha!-Potential aktiviert hat, läßt sich das Problem vielleicht ganz ohne Computer lösen.

Traurige Zeiten würden anbrechen, paßten die Menschen sich ganz der Computerrevolution an und ergäben sich intellektueller Bequemlichkeit, bis sie auch das Potential zum kreativen Denken verlören. Es ist der Sinn dieses Buches mit seinem Angebot an Rätseln und Problemen, Sie davor zu bewahren, Sie zum Trainieren und zur Stärkung Ihrer Fähigkeit zu veranlassen, Probleme auch auf unkonventionelle Art zu lösen.

Kapitel 1

Kombinatorik
aha!

Die Kombinatorik behandelt die Möglichkeiten, bestimmte Dinge auf vorgegebene Weise zu ordnen. Etwas weniger allgemein ausgedrückt, untersucht die Kombinatorik die Möglichkeiten, einzelne Elemente so zu Mengen zusammenzufassen, daß bestimmte Bedingungen erfüllt werden, und fragt nach den Eigenschaften solcher Zusammenfassungen.

Unser erstes Problem handelt zum Beispiel von den Möglichkeiten, verschieden gefärbte Kugeln zusammenzustellen. Es besteht darin, die kleinste Menge gefärbter Kugeln zu finden, die eine bestimmte Eigenschaft hat. Das zweite Problem handelt von der Aufstellung der Spieler für ein Turnier nach dem k.o.-System — ein Problem, das in abgewandelter Form beim Sortieren von Daten in automatischen Datenverarbeitungsanlagen auftritt.

In der Kombinatorik wird oft gefragt, wieviele verschiedene Möglichkeiten es insgesamt gibt, bestimmte Dinge nach gegebenen Regeln zu kombinieren. Dieses „Abzählproblem", wie es auch genannt wird, tritt in der Episode über Susi auf, die wissen will, auf wieviel verschiedenen Wegen sie zur Schule gehen kann. In ihrem Fall sind die zu kombinierenden Elemente die Abschnitte eines an den Kanten einer Matrix entlangführenden Weges. Da geometrische Figuren im Spiele sind, nennt man dieses Gebiet auch kombinatorische Geometrie.

Jeder Zweig der Mathematik hat seine kombinatorischen Aspekte. Wir werden in allen Kapiteln dieses Buches auf kombinatorische Probleme stoßen. Es gibt kombinatorische Arithmetik, kombinatorische Topologie, kombinatorische Logik, kombinatorische Mengenlehre und sogar kombinatorische Linguistik. Ihr ist das Kapitel mit den Wortspielen gewidmet. Eine besondere Bedeutung hat die Kombinatorik für die Wahrscheinlichkeitstheorie. Hier gilt es, alle denkbaren Kombinationen bestimmter Dinge zu ermitteln, denn erst dann läßt sich eine Formel für die Wahrscheinlichkeit angeben.

Bereits unsere erste Aufgabe handelt von Wahrscheinlichkeiten, denn es sollen Kugeln so geordnet werden, daß mit Sicherheit (das heißt, mit der Wahrscheinlichkeit 1) eine bestimmte Bedingung erfüllt wird. Der Text zeigt, daß sich eine schier endlose Zahl weiterer Wahrscheinlichkeitsfragen aus einer so einfachen Aufgabe ableiten läßt. Das Abzählen von Susannes Wegen führt uns zum Pascal'schen Dreieck und seiner Verwendung bei der Lösung einfacher Aufgaben aus der Wahrscheinlichkeitsrechnung.

Die Anzahl der Anordnungen, die eine gegebene kombinatorische Aufgabe erfüllen, kann sein: keine, eine, irgendeine endliche Anzahl oder eine unendliche Anzahl. Es gibt keine Möglichkeit, zwei ungerade Zahlen zu finden, deren Summe ungerade ist. Es gibt genau eine Möglichkeit, 21 als Produkt von Primzahlen zu schreiben. Es gibt genau drei Möglichkeiten, 7 als Summe zweier positiver Zahlen zu schreiben (die drei Augenpaare auf den gegenüberliegenden Flächen eines Würfels). Schließlich gibt es eine unendliche Anzahl von Möglichkeiten, zwei gerade Zahlen auszuwählen, deren Summe gerade ist. Bei vielen kombinatorischen Problemen ist es sehr schwer, einen „Unmöglichkeitsbeweis" zu finden, einen Beweis dafür, daß keine Kombination die verlangten Eigenschaften hat. Zum Beispiel wurde erst vor kurzem ein Beweis dafür gefunden, daß sich die Gebiete einer Landkarte niemals so zusammenfügen lassen, daß man für ihre Färbung fünf Farben benötigt. Das war lange ein berühmtes, ungelöstes Problem der kombinatorischen Topologie. Der Unmöglichkeitsbeweis erforderte ein hochkompliziertes Computerprogramm.

Andererseits lassen sich manche kombinatorischen Probleme, für die einen Unmöglichkeitsbeweis zu finden zunächst sehr schwierig aussieht, dann einfach lösen, wenn sich im rechten Moment das aha! einstellt. Beim Problem des „verflixten Pflasters" sehen wir, wie ein einfacher Paritätstest sofort zu einem kombinatorischen Unmöglichkeitsbeweis führt, der anders nur schwer zu erhalten wäre.

Das zweite Pillenproblem verbindet kombinatorische Denkweise mit dem Gebrauch von Zahlensystemen zu verschiedenen Basen. Wir werden sehen, wie die Zahlen selbst, aber auch ihre Darstellung in Stellenschreibweise kombinatorischen Gesetzen gehorchen. In der Tat, jedes deduktive Schließen, ob in der Mathematik oder der reinen Logik, handelt von den Kombinationen von Zeichen in einer Zeichenfolge entsprechend den Regeln eines Systems, mit dessen Hilfe man entscheiden kann, ob die Zeichenfolge eine richtige oder eine falsche Behauptung darstellt. Darum hat Gottfried Leibnitz, der Vater der Kombinatorik, die Kunst des logischen Schließens *ars combinatoria* genannt.

Ein kugeliges Problem

Frau Müller hat wenig Geld und versucht, an einem Kaugummiautomaten vorbeizukommen, ehe ihre Zwillinge ihn bemerken..
Erster Zwilling: „Mutti, ich will ein Kaugummi."
Zweiter Zwilling: „Ich auch. Aber ich will die gleiche Farbe wie Peter."

Jede Kaugummikugel kostet einen Zehner, und die Maschine ist fast leer. Niemand kann wissen, welche Farbe die nächste Kugel haben wird. Frau Müller möchte sichergehen, daß sie zwei Kugeln gleicher Farbe bekommt. Wieviele Zehner muß sie bereithalten?

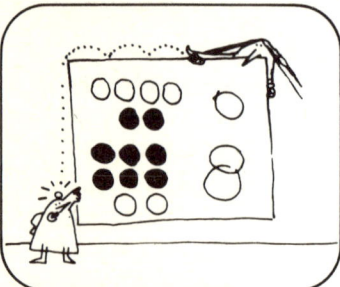

Mit 6 Zehnpfennigstücken könnte sie auf jeden Fall 2 rote Kugeln bekommen — 4 Zehner, um alle weißen Kugeln herauszuholen und 2 Zehner für ein rotes Paar. Sie könnte 2 weiße Kugeln bekommen, wenn sie 8 Zehner ausgibt. Also muß sie 8 Zehner bereithalten, richtig?

Falsch! Wenn die beiden ersten Kugeln verschiedene Farben haben, muß die dritte zu einer der beiden ersten passen. Sie braucht also höchstens 3 Zehner auszugeben.

Nehmen wir nun an, der Automat enthält 6 rote Kugeln, 4 weiße und 5 blaue. Wieviele Zehner muß Frau Müller dann höchstens ausgeben, um zwei Kugeln von gleicher Farbe zu erhalten?

Sind Sie auf vier Zehner gekommen? Bravo! Jetzt können Sie sich überlegen, was passiert, wenn Frau Schulze mit ihren quäkenden Drillingen an der teuflischen Maschine vorbeikommt.

Jetzt enthält der Automat 6 rote Kugeln, 4 weiße und nur eine blaue. Wieviele Zehner muß Frau Schulze bereithalten, um drei Kugeln von gleicher Farbe zu ziehen?

Wie viele Zehnpfennigstücke?

Das zweite Kaugummikugelproblem ist nur eine leichte Variation des ersten und kann durch das gleiche aha! gelöst werden. In diesem Falle könnten die ersten *drei* Kugeln von verschiedener Farbe sein: rot, weiß und blau. Das ist der „schlimmste" Fall, in dem Sinne, als es die längste Folge von Kugeln ist, die nicht das gewünschte Resultat enthält. Die vierte Kugel wird notwendigerweise zu einer der drei ersten passen. Es könnte also nötig sein, vier Kugeln zu ziehen, um zwei gleichfarbene zu bekommen. Frau Müller muß also vier Zehner bereithalten.

Die Verallgemeinerung auf n Mengen verschiedenfarbiger Kugeln ist offensichtlich. Wenn es n solche Mengen gibt, muß man sich darauf einrichten, $n + 1$ Kugeln zu kaufen.

Das dritte Problem ist schon komplizierter. Frau Schulze hat nicht Zwillinge, sondern Drillinge. Der Kaugummiautomat enthält 6 rote, 1 blaue und 4 weiße Kugeln. Wie viele Zehner muß sie bereithalten, um *drei* gleichfarbene Kugeln zu bekommen?

Wie vorher betrachten wir zunächst den schlimmsten Fall. Frau Schmidt könnte 2 rote Kugeln ziehen, 2 weiße und eine einzige blaue, das macht zusammen 5 Kugeln. Die sechste Kugel muß entweder rot oder aber weiß sein; auf jeden Fall hat sie dann 3 gleichfarbene Kugeln, wofür sie 6 Zehner bereithalten muß. Wenn mehr als eine blaue Kugel im Automaten gewesen wäre, hätte Frau Schmidt 2 Kugeln jeder Farbe ziehen können, insgesamt wären also schlimmstenfalls 7 Kugeln nötig gewesen, um das Tripel zu vervollständigen.

Das aha! besteht darin, die Länge der Folge für den schlimmsten Fall zu „sehen". Man kann es sich auch schwer machen, indem man jeder der 11 Kugeln einen Buchstaben zuordnet und dann alle möglichen Zugfolgen darauf untersucht, welche die längste Anfangssequenz besitzt, ohne daß sie ein Tripel enthält. Nach dieser Methode aber müßte man 11! = 39 916 800 Sequenzen untersuchen! Selbst wenn man das Problem anginge, indem man nicht zwischen gleichfarbigen Kugeln unterscheidet, hätte man immer noch 2310 Sequenzen zu untersuchen.

Die Verallgemeinerung auf zusammenpassende k-Tupel geht wie folgt: Wenn man n Farben zur Disposition hat (alle Farben verschieden und von jeder Farbe mindestens k verschiedene Kugeln) müssen höchstens $n(k-1) + 1$ Kugeln gezogen werden, um ein gleichfarbenes k-Tupel zu finden. Vielleicht haben Sie Spaß daran, zu untersuchen, was passiert, wenn zu einer oder mehreren Farben weniger als k Kugeln existieren.

Probleme dieser Art lassen sich vielfältig variieren. Wie viele Karten muß man beispielsweise aus einem Spiel mit 52 Karten ziehen, um mit Sicherheit 7 Karten derselben Farbe zu bekommen? Unsere Formel liefert die Antwort: $4(7-1) + 1 = 25$.

Wenn wir es auch nur mit einfachen kombinatorischen Aufgaben zu tun haben, sie führen doch alle auf interessante und schwierige Fragen aus der Wahrscheinlichkeitstheorie. Wie groß ist zum Beispiel die Wahrscheinlichkeit, sieben Karten von der gleichen Farbe zu ziehen, wenn man n Karten (n durchläuft dabei alle Werte zwischen 7 und 24) zieht, ohne die gezogene Karte wieder ins Spiel zurückzulegen? (Offenbar ist die Wahrscheinlichkeit 0, wenn man weniger als 7 Karten zieht und 1, wenn man mehr als 24 Karten zieht.) Wie ändern sich die Wahrscheinlichkeiten, wenn man jede gezogene Karte zurücklegt und das Spiel nach jedem Ziehen neu mischt? Hier eine noch schwierigere Frage: Wie viele Karten müssen Sie im Schnitt ziehen, um k Karten derselben Farbe, mit und ohne Zurücklegen, zu erhalten?

Das Ping-Pong-Puzzle

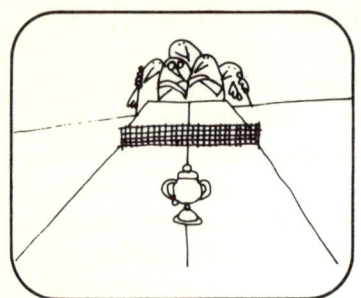

Die 5 Mitglieder des Tischtennis-Vereins der Freiherr-vom-Stein-Schule wollen ein Turnier nach dem k.o.-System durchführen.

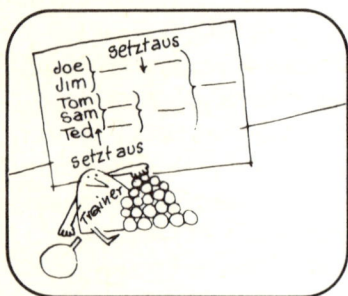

Der Trainer erklärt den Spielplan folgendermaßen:
Trainer: „Fünf ist ungerade, deshalb setzt in der ersten Runde ein Spieler aus. In der nächsten Runde muß noch einmal jemand aussetzen. Insgesamt müssen also 4 Spiele gespielt werden."

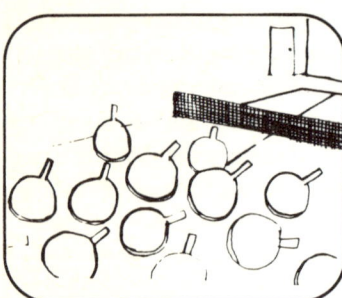

Im nächsten Jahr war das Tischtennisspielen so beliebt geworden, daß der Verein schon 37 Mitglieder zählte. Der Trainer wollte wieder ein k.o.-Turnier durchführen, bei dem so wenige Spieler wie möglich aussetzen sollten. Können Sie herausfinden, wieviele Spiele insgesamt gespielt wurden?

Haben Sie es immer noch nicht herausgefunden? Basteln Sie noch immer an der Tabelle herum? Dann ist Ihnen ein aha! entgangen! Jedes Spiel eliminiert einen Spieler, und da 36 Spieler zu eliminieren sind, müssen genau 36 Spiele gespielt werden — oder?

Wie oft aussetzen?

Wenn Sie dieses Problem auf die komplizierte Art bearbeitet und richtige Tabellen für das Turnier aufgestellt haben, dann haben Sie sicher bemerkt, daß immer 4mal ausgesetzt werden muß, egal, wie der Spielplan aussieht. Wie oft ausgesetzt werden muß, hängt von n ab, der Anzahl der Spieler. Wie also läßt sich die Antwort bestimmen?

Wenn n gegeben ist, kann man die Anzahl der Aussetzer folgendermaßen berechnen: Subtrahieren Sie n von der kleinsten Zweierpotenz, die größer oder gleich n ist. Dann schreiben Sie das Resultat in Dualdarstellung auf. Die Anzahl der Aussetzer ist dann gleich der Anzahl der Einsen in dieser Dualzahl. In unserem Fall subtrahieren wir 37 von 64 (64 ist gleich 2^6) und erhalten 27. In der Dualdarstellung ist 27 = 11 011. Die Zahl enthält 4 Einsen, also muß viermal ausgesetzt werden. Es ist eine gute Übung, einmal zu überlegen, warum dieser seltsame Algorithmus funktioniert.

Das beschriebene Turnier-System heißt k.o.-System. Es entspricht dem, was Informatiker einen Algorithmus nennen, um durch paarweisen Vergleich das größte Element einer Menge von n Zeichen zu bestimmen. Wie wir gesehen haben, sind dazu genau n-1 Vergleiche nötig. Im Computer lassen sich übrigens auch Vergleiche in Gruppen von drei, vier oder fünf Elementen durchführen.

Das Sortieren ist für die Informatik so wichtig, daß ganze Bücher darüber geschrieben worden sind. Sie können sich leicht alle möglichen praktischen Aufgaben denken, bei denen Sortieralgorithmen unentbehrlich sind. Etwa ein Viertel der Rechenzeit aller Computer in Wissenschaft, Verwaltung und Industrie wird zum Sortieren verwendet.

Johnnys Gläser

Johnny steht hinter dem Tresen einer Getränkebude und stellt zwei Stammkunden eine Aufgabe mit 10 Gläsern.

Johnny: „In dieser Reihe stehen zehn Gläser. Die ersten fünf sind voll Kinky Cola, die anderen fünf leer. Wer kann, ohne mehr als vier Gläser zu bewegen, eine Reihe herstellen, in der abwechselnd ein volles und ein leeres Glas steht?"

Jonny: „Ganz einfach: man vertauscht das zweite Glas mit dem siebenten und das vierte mit dem neunten."

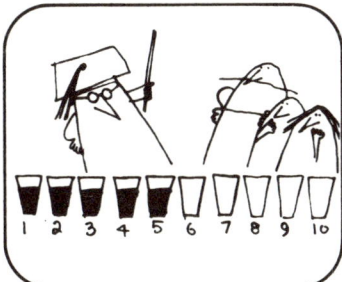

Professor Riesenklein, immer mit trickreichen Lösungen zur Hand, mischt sich ein.
Prof. Riesenklein: „Warum denn vier Gläser bewegen? Ich schaffe das mit zweien. Sie auch?"

Prof. Riesenklein: „Ist doch ganz einfach. Man nimmt das zweite Glas und gießt den Inhalt in das siebte. Dann das vierte in das neunte."

Der nichttriviale Riesenklein

Wenn auch Professor Riesenklein die Aufgabe durch ein Wortspiel löste, so ist die ursprüngliche Aufgabe doch längst nicht so trivial, wie sie aussieht. Betrachten Sie das Problem zum Beispiel mit 100 vollen und 100 leeren Gläsern. Wie viele Vertauschungen sind nötig, um eine alternierende Folge von vollen und leeren Gläsern herzustellen?

Da sich das Hantieren mit 200 Gläsern als sehr unpraktisch erweist, besteht der erste Lösungsschritt darin, die Situation für kleine n zu analysieren, wobei n die Anzahl der vollen oder leeren Gläser ist, und nach einem Muster Ausschau zu halten. Sie können zur Analyse verschiedenfarbige Spielsteine oder die Vorder- und Rückseiten von Münzen verwenden. Kein Zug ist erforderlich, wenn $n = 1$. Wenn $n = 2$, hat das Problem eine offensichtliche Lösung mit einer Vertauschung. Es wird Sie vielleicht überraschen, daß auch für $n = 3$ ein Zug ausreicht. Mit etwas längerem Nachdenken werden Sie vielleicht die einfache Formel entdecken: Wenn n gerade ist, braucht man $n/2$, für ungerade n braucht man $(n-1)/2$ Vertauschungen. Hat man also 100 volle und 100 leere Gläser, sind 50 Vertauschungen nötig. Dabei muß man 100 Gläser bewegen. Riesenkleins Trick halbiert die Anzahl der zu bewegenden Gläser.

Es gibt ein klassisches Problem, das dem eben beschriebenen sehr ähnlich ist, dessen Lösung aber mehr Schwierigkeiten bereitet. Beginnen Sie wieder mit einer Reihe von n Objekten eines Typs, denen n Objekte eines anderen Typs benachbart sind. Wie eben auch, können Sie Spielsteine, Gläser, Karten oder ähnliches verwenden. Die Aufgabe besteht wieder darin, eine alternierende Folge von Objekten zu erzeugen, aber diesmal definieren wir einen „Zug" anders. Dieses Mal müssen Sie jeweils ein benachbartes *Paar* von Objekten in eine *offene* Position in der Reihe schieben, ohne dabei die Reihenfolge der beiden verschobenen Objekte zu verändern.

Als Beispiel wird eine Lösung für $n = 3$ angegeben:

```
XXXOOO
 XOOOXX
XOO  XOX
 OXOXOX
```

Wie sieht die allgemeine Lösung aus? Sie ist trivial, wenn $n = 1$ ist, und Sie werden schnell herausfinden, daß es für $n = 2$ keine Lösung gibt. Für alle Werte von n größer als 2 läßt sich die Aufgabe in einer minimalen Zahl von n Zügen erfüllen.

Schon für $n = 4$ ist eine Lösung gar nicht leicht zu finden, vielleicht probieren Sie es mal. Können Sie einen Algorithmus formulieren, um das Problem für alle n größer oder gleich 3 zu lösen?

Man kann die Aufgabe weiter variieren und noch schwieriger machen. Hier sind ein paar Beispiele:

1. Die Regeln sind wie eben, außer daß beim Ziehen die Reihenfolge der bewegten Objekte vertauscht wird. Aus einem rot-schwarzen Paar wird ein schwarz-rotes und umgekehrt. Bei 8 Objekten braucht man 5 Züge und auch bei 10 Objekten kommt man mit 5 Zügen hin. Eine allgemeine Lösung für dieses Problem ist nicht bekannt. Vielleicht können Sie eine finden.

2. Die Regeln sind wie bei dem Originalproblem außer, daß von einer Farbe ein Objekt mehr vorhanden ist: n Objekte der einen Art und $n + 1$ der anderen. Man hat bewiesen, daß man für alle n mit genau n^2 Zügen auskommt und daß es sich dabei um die minimale Zahl handelt.

3. Die Objekte haben drei verschiedene Farben. Paare nebeneinanderliegender Objekte werden auf die übliche Art bewegt, um die Farben zusammenzustellen. Für $n = 3$ (insgesamt 9 Objekte) gibt es eine Lösung in fünf Zügen. Bei dieser Aufgabe und den bisherigen Varianten wird immer angenommen, daß die Lösungsreihe keine Lücken hat. Wenn Lücken erlaubt sind, gibt es eine überraschende Lösung in vier Zügen.

Es gibt noch viele Variationen, die unseres Wissens bisher noch nicht beschrieben, geschweige denn gelöst wurden. Man könnte zum Beispiel in jeder der obigen Varianten auch drei oder mehr Objekte auf einmal bewegen.

Was passiert, wenn man erst ein Objekt, dann zwei, dann drei und so weiter, zieht? Wenn n Objekte einer Farbe und n Objekte einer anderen Farbe gegeben sind, ist die Aufgabe dann immer in n Zügen lösbar?

Verschlungene Wege

Susi hat ein Problem. Immer wenn sie zur Schule geht, trifft sie den bösen Hans.
Hans: „Hallo Susi! Soll ich dich zur Schule bringen?
Susi: „Nein! Hau ab!"

Susi: „Jetzt weiß ich, was ich mache. Ich gehe einfach jeden Morgen einen anderen Weg. Dann kann mich der Hans nicht mehr finden."

Auf dem Plan sehen wir alle Straßen zwischen Susis Wohnung und der Schule. Susi geht immer entweder nach Osten oder nach Süden.

Heute geht Susi einen anderen Weg. Natürlich will sie nie einen Umweg machen. Wieviele Möglichkeiten hat sie dann eigentlich?

Susi: „Ich frage mich, wieviele verschiedene Wege ich zur Schule habe. Hmm, das ist wohl nicht so einfach. Hmm — aha, es ist ja doch nicht so schwer. Donnerwetter, es ist ganz einfach!" Was ist Susi eingefallen?

Das hat sie sich ausgedacht:
Susi: „Ich bezeichne die Ecke, an der ich wohne, mit 1, denn ich habe nur einen Ausgangspunkt. Außerdem bezeichne ich auch die nächsten Straßenecken mit 1, weil es nur eine Möglichkeit gibt, dorthin zu gelangen."

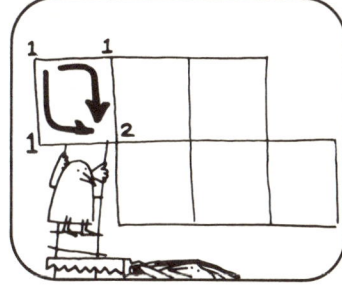

„Jetzt setze ich eine 2 in diese Ecke, denn ich kann auf zwei Wegen dorthin gelangen." Als Susi merkte, daß 2 die Summe von 1 plus 1 ist, wurde ihr klar, daß die Zahl an jeder Ecke die Summe der Zahlen der beiden davorliegenden Ecken sein muß oder, falls nur ein Weg zur Ecke führt, die gleiche Zahl.

Susi: „Na also! Jetzt habe ich vier weitere Ecken numeriert. Gleich bin ich fertig." Wer kann Susi helfen den Plan durchzunumerieren und festzustellen, auf wie viel verschiedenen Wegen sie zur Schule gehen kann?

Wie viele Wege?

Die letzten fünf Ecken bekommen, von oben nach unten und von links nach rechts, die Zahlen 1, 4, 9, 4 und 13. Die 13 an der letzten Ecke bedeutet, daß Susanne 13 verschiedene kürzeste Wege zur Schule hat.

Susanne hat einen einfachen, schnellen Algorithmus gefunden, um die Anzahl der kürzesten Wege von ihrer Wohnung zur Schule zu bestimmen. Wenn sie versucht hätte, erst alle Wege einzuzeichnen und sie dann zu zählen, hätte sie sich viel mehr Arbeit gemacht. Bei einer größeren Zahl von Straßenkreuzungen wäre die Methode überhaupt nicht mehr in Frage gekommen. Sie werden den Nutzen von Susannes Algorithmus am schnellsten erkennen, wenn Sie einmal versuchen, alle 13 Wege nachzuzeichnen.

Um sich mit dem Algorithmus vertraut zu machen, sollten Sie sich selbst verschiedene Straßenpläne ausdenken und die Anzahl der kürzesten Wege

von irgendeinem Punkt A zu einem anderen Punkt B feststellen. In Bild 1 finden Sie vier solche Aufgaben. Man könnte sie auch anders lösen, mit Hilfe kombinatorischer Formeln, aber das ist knifflig und kompliziert.

Wie groß ist die Anzahl der kürzesten Wege auf einem Schachbrett, auf denen ein Turm von einer Ecke auf die diagonal gegenüberliegende Ecke ziehen kann? Diese Frage läßt sich mit Susannes Methode schnell beantworten. Ein Turm zieht nur waagrecht oder senkrecht. Die kürzesten Wege erhält man, indem man sich auf Züge beschränkt, die den Turm der Zielecke näher bringen. Wenn das ganze Brett, wie in Bild 2 gezeigt, richtig ausgeziffert wurde, dann geben die Zahlen in den Feldern jeweils die Anzahl der kürzesten Wege von der Ausgangsecke zu dem betreffenden Feld an. Das Feld in der oberen rechten Ecke trägt die Zahl 3432. Es gibt 3432 Möglichkeiten, wie sich ein Turm auf kürzestem Wege von einer Ecke in die diagonal gegenüberliegende Ecke bewegen kann.

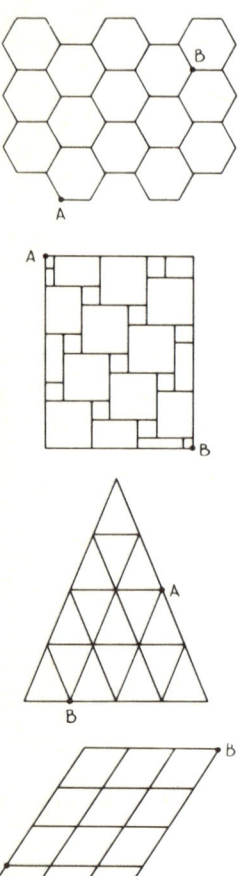

Bild 1

1	8	36	120	330	792	1716	3432
1	7	28	84	210	462	924	1716
1	6	21	56	126	252	462	792
1	5	15	35	70	126	210	330
1	4	10	20	35	56	84	120
1	3	6	10	15	21	28	36
1	2	3	4	5	6	7	8
♖	1	1	1	1	1	1	1

Bild 2

Jetzt wollen wir das Schachbrett entlang einer Diagonalen zerschneiden und dann so drehen, daß es aussieht wie in Bild 3. Die Zahlen in der letzten Zeile geben die Anzahl der kürzesten Wege vom oberen Eckfeld wieder. Die Zahlenverteilung in diesem Dreieck ist die gleiche wie im berühmten Pascal'schen Dreieck. Der Algorithmus zur Bestimmung der kürzesten Wege von oben nach unten ist natürlich genau die Vorschrift zur Konstruktion des Pascal'schen Dreiecks, und die Isomorphie liefert eine

19

hervorragende Einführung in seine ewig faszinierenden Eigenschaften.

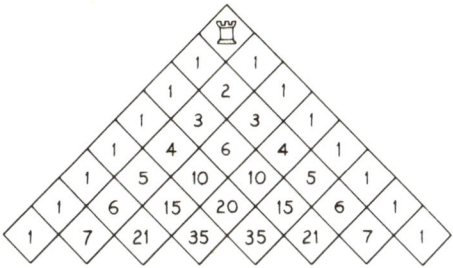

Bild 3

Pascals Dreieck enthält die Binomialkoeffizienten
— das sind die Koeffizienten in der Entwicklung von
$(a + b)^n$ — sowie die Lösungen zu vielen Problemen
der elementaren Wahrscheinlichkeitstheorie. Beachten Sie, daß im Bild 3 die Zahl der kürzesten Wege
von der Spitze des Dreiecks zur unteren Reihe der
Felder für die äußeren Zellen jeweils gleich eins ist
und zur Mitte hin zunimmt. Vielleicht haben Sie
schon einmal eines jener Geräte gesehen, die auf
Pascals Dreieck beruhen: Ein Brett wird gekippt,
und hunderte von kleinen Kugeln rollen über Stifte
nach unten und sammeln sich in Fächern am unteren
Rand. Die Verteilung in den Fächern ist dann eine
glockenkurvenförmige Binomialverteilung, denn die
Anzahl der kürzesten Wege zu jedem Fach sind die
Koeffizienten einer Binomialentwicklung.

Susannes Algorithmus funktioniert offenbar
ebenso gut auf dreidimensionalen Gittern mit qua-
derförmigen Zellen. Stellen Sie sich einen Würfel mit
einer Kantenlänge von 3 Einheiten vor, der in 27 Einheitswürfel unterteilt ist. Betrachten Sie diesen Würfel als Schachbrett mit einem Turm in einem der
Eckwürfel. Der Turm kann sich parallel zu jeder der
drei Koordinatenachsen bewegen. Wie viele kürzeste
Wege gibt es, auf denen man den Turm in den raum-
diagonal gegenüberliegenden Eckwürfel ziehen
kann?

Die vertauschten Babys

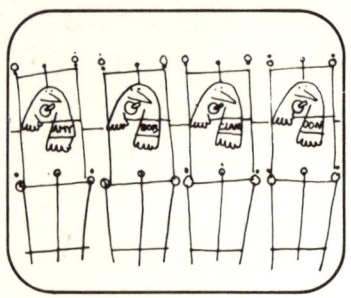

Auf einer Entbindungsstation wurden die Namensschilder an den Betten von 4 Babys durcheinandergebracht. Zwei Babys hatten das richtige Schild, zwei ein falsches. Auf wieviele Weisen konnte das passieren?

Um das herauszufinden, kann man sich eine Tabelle aller Möglichkeiten erstellen. Sie zeigt, daß es nur 6 Möglichkeiten gibt, genau zwei Babys mit falschen Namensschildern zu versehen.

Nehmen wir einmal an, daß drei Schilder richtig sind und nur eines falsch. Auf wieviele Arten kann das passieren?

Haben Sie eine neue Tabelle aufgestellt, um das Problem zu lösen, oder aha! — haben Sie's gemerkt?

Die vertauschten Schildchen

Viele Leute lassen sich gern von diesem Problem verwirren, weil sie irrtümlicherweise annehmen, daß es sehr viele Möglichkeiten gibt, genau drei von vier Babys mit den richtigen Schildchen zu versehen. Wenn Sie jedoch an das „Briefkasten-Prinzip" denken, liegt die Antwort auf der Hand. Nehmen wir an, wir haben vier Briefkästen, jeder mit einem von vier verschiedenen Namen beschriftet. Wenn man jetzt drei Briefe in die richtigen Briefkästen wirft, dann bleibt für den vierten nur noch ein Briefkasten übrig und dieser ist natürlich auch der richtige! Statt vieler verschiedener Fälle gibt es nur einen und das ist der, bei dem jedes Objekt am richtigen Platz liegt.

Es gibt noch ein klassisches Rätsel, bei dem sich ein ähnliches aha! einstellt. Nehmen wir an, vor Ihnen auf dem Tisch stehen drei geschlossene Kästchen. Ein Kästchen enthält zwei Fünfzigpfennig-Stücke, eins zwei Markstücke, und eins ein Markstück und ein Fünfzigpfennig-Stück. Die Kästchen sind mit 1 DM, 1,50 DM und 2 DM beschriftet. Aber alle Beschriftungen sind falsch. Jemand greift in das Kästchen auf dem „1,50 DM" steht, holt eine Münze heraus und legt sie offen auf den Tisch. Können Sie sagen, welche Münzen in welchen Kästchen liegen?

Wie eben stellt man sich zunächst auf viele Möglichkeiten ein. Aber nach einiger Überlegung wird einem klar, daß es doch nur eine gibt. Die Münze, die aus dem mit „1,50 DM" falsch beschrifteten Kästchen genommen wurde, muß entweder ein Fünfzigpfennig-Stück oder ein Markstück sein. Wenn es ein Fünfzigpfennig-Stück ist, weiß man, daß das Kästchen ursprünglich zwei Fünfzigpfennig-Stücke enthielt. Wenn es ein Markstück ist, müssen vorher zwei Markstücke darin gewesen sein. In jedem Fall liegen die Inhalte der beiden anderen Kästchen damit fest. Um zu verstehen warum, stellen Sie sich am besten eine Tabelle aller sechs Verteilungsmöglichkeiten auf und streichen jede aus, bei der wenigstens eine Sorte Münzen in der richtigen Schachtel liegt. Dann bleiben nur noch zwei Fälle übrig. Die bekanntgewordene Münze, aus dem 1,50-DM Kästchen schließt einen der beiden Fälle aus, und übrig bleibt die Lösung.

Das Rätsel wird manchmal etwas anders formuliert und sieht dann komplizierter aus. Man wird gebeten, die Inhalte der drei Kästchen zu bestimmen, indem man sich so wenig Münzen wie möglich ansieht, die aber aus beliebigen Kästchen genommen werden dürfen. Für alle gilt die gleiche Antwort: man braucht nur eine Münze aus dem 1,50-DM-Kästchen.

Mit dem Babyproblem hängen viele weitere interessante Aufgaben eng zusammen, die ebenfalls in die elementare Wahrscheinlichkeitstheorie einführen. Wie groß ist zum Beispiel die Wahrscheinlichkeit, daß alle Babys die richtigen Schildchen bekommen, wenn sie rein zufällig verteilt werden? Wie groß ist die Wahrscheinlichkeit, daß alle Schildchen falsch sind, daß mindestens eins richtig ist, daß mindestens zwei richtig sind, daß genau zwei richtig sind, daß höchstens zwei richtig sind, und so weiter.

Die Frage nach wenigstens einem richtigen Schildchen ist in ihrer Verallgemeinerung ein Klassiker der Unterhaltungsmathematik. Sie wird oft folgendermaßen gestellt: *n* Männer geben ihre Mäntel an der Theatergarderobe ab. Eine nachlässige Garderobenfrau verteilt die Aufbewahrungszettel rein zufällig an die Männer. Wie groß ist die Wahrscheinlichkeit, daß wenigstens einer seinen eigenen Mantel zurückbekommt? Es stellt sich heraus, daß diese Wahrscheinlichkeit mit wachsendem *n* ziemlich schnell gegen den Wert 1-(1/*e*) geht, das ist erheblich mehr als 1/2. *e* ist hier die berühmte Eulersche Konstante mit dem Wert 2,71828.... Auf diese Zahl stößt man in der Wahrscheinlichkeitstheorie oft, ähnlich wie man es in der Geometrie ständig mit Pi zu tun bekommt.

Riesenkleins Becher

Prof. Riesenklein hat eine neue Aufgabe: „Nehmen Sie 3 leere Plastikbecher und legen Sie 11 Münzen so hinein, daß in jeden Becher eine ungerade Anzahl von Münzen kommt."

Prof. Riesenklein: „Das war doch nicht so schwer, oder? Da gibt es mehrere Möglichkeiten, zum Beispiel drei in den ersten, sieben in den zweiten und eine in den dritten Becher."

Prof. Riesenklein: „Können Sie auch 10 Münzen auf die drei Becher so verteilen, daß jeder Becher eine ungerade Anzahl enthält? Es geht! Die Lösung ist verblüffend, aber es ist ein Trick dabei."

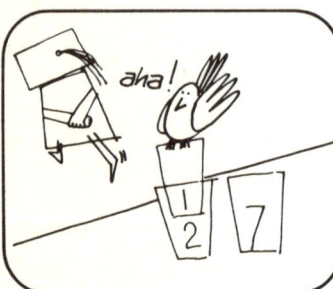

Prof. Riesenklein: „Hoffentlich haben Sie nicht zu früh aufgegeben. Sie brauchen ja nur einen Becher in den anderen zu stellen. Ist es jetzt nicht ganz einfach?"

Riesenkleins Teilmenge

Der Geistesblitz aha!, der Riesenkleins Trickfrage beantwortet, kommt aus der Einsicht, daß dieselbe Menge Münzen zu mehr als einem Becher gehören kann. In der Sprache der Mengenlehre ist unsere Lösung eine Menge mit 7 Elementen plus einer anderen Menge mit 3 Elementen, die eine Untermenge mit 1 Element enthält. Die Lösung läßt sich auch mit Hilfe von Kreisen darstellen:

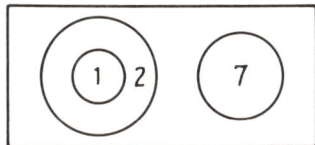

Sie werden Ihren Spaß daran haben, auch alle anderen Lösungen zu finden. Zehn, zu denen die obige Lösung gehört, sind nicht schwer; aber es muß sich noch ein aha! einstellen, um auf 5 weitere zu kommen, so daß am Ende 15 Lösungen gefunden sind.

Wenn Sie alle 15 Lösungen gefunden haben, können Sie versuchen, das Problem zu verallgemeinern, indem Sie die Anzahl der Münzen und Becher und die Regel über die Art der Zahlen für jeden Becher variieren.

Die grundsätzliche Einsicht, daß eine ganze Menge, oder Teile einer Menge in einer anderen Menge enthalten sein können und sich zweimal zählen lassen, spielt in vielen bekannten Rätseln und Paradoxa eine Rolle. Hier ist ein besonders schönes:

Nachdem ein Junge mehrere Wochen nicht zur Schule erschienen war, ging der Klassenlehrer zu ihm nach Hause. Der Junge erklärte ihm, warum er keine Zeit für die Schule habe.

„Ich schlafe jeden Tag 8 Stunden. Das ergibt zusammen 8mal 365 oder 2920 Stunden. Der Tag hat 24 Stunden, das ergibt 2920 durch 24 oder 122 Tage.

Samstags und sonntags ist schulfrei. Das sind 104 Tage im Jahr.

60 Tage im Jahr haben wir Ferien.

Ich brauche täglich 3 Stunden zum Essen — das ergibt 3mal 365 oder 1095 Stunden, also 1095 durch 24 oder ungefähr 45 Tage im Jahr.

Schließlich brauche ich 2 Stunden täglich zur Erholung. Das macht 2mal 365 = 730 Stunden oder 730 durch 24, also etwa 30 Tage pro Jahr."

Der Junge schrieb alle diese Zahlen auf und addierte die Tage:

Schlafen	122
Wochenenden	104
Sommerferien	60
Essen	45
Erholung	30
	361

Das ergab zusammen 361 Tage.

„Sie sehen also", sagte der Junge, „mir bleiben nur noch 4 Tage, um krank zu werden. Dabei habe ich die Weihnachtsfeiertage noch nicht einmal mitgezählt."

Der Klassenlehrer sah sich die Rechnung lange an, aber er konnte keinen Fehler darin finden. Testen Sie dieses Paradoxon an Ihren Freunden und sehen Sie, wer den Fehler entdeckt: Nämlich, daß Teilmengen mehr als einmal gezählt werden. Die Kategorien des Jungen überlappen sich, wie die Inhalte in Riesenkleins Bechern.

Steak-Strategie

Herr Baier besitzt einen kleinen Holzkohlengrill, gerade groß genug für zwei Steaks. Seine Frau und seine Tochter Resi sterben vor Hunger. Wie schafft es Herr Baier am schnellsten, drei Steaks zu grillen?

10 Minuten später werden B2 und C2 fertig. Jetzt sind alle drei Steaks gegrillt und nur 30 Minuten vergangen, richtig?

Herr Baier: „Mal sehen. Man braucht 20 Minuten, um ein Steak von beiden Seiten zu grillen, jede Seite 10 Minuten. Da ich 2 Steaks auf einmal grillen kann, reichen 20 Minuten, um 2 Steaks zu braten. Für das dritte brauchen wir dann nochmal 20 Minuten. Also können wir in 40 Minuten essen!"

Resi: „Papi, das geht doch viel schneller! Ich weiß, wie du 10 Minuten sparen kannst." Welchen Einfall hat Resi gehabt?

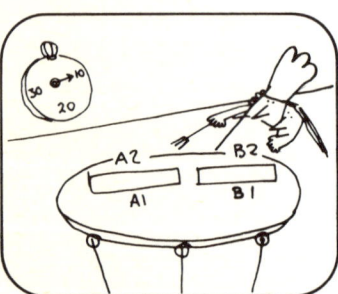

Um Resis Lösung zu erklären, bezeichnen wir die drei Steaks mit A, B und C. Jedes Steak habe die Seiten 1 und 2. In den ersten 10 Minuten werden A1 und B1 gegrillt.

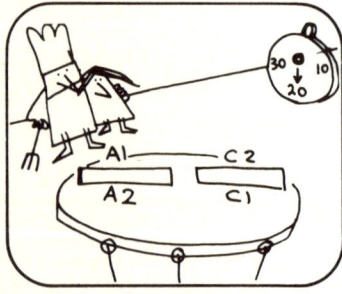

Dann wird Steak B vorläufig zur Seite getan. In den nächsten 10 Minuten kommen A2 und C1 dran. Steak A ist jetzt fertig.

Eine allgemeine Strategie

Hier handelt es sich um eine einfache kombinatorische Aufgabe aus dem Gebiet „Operations Research", einem Zweig der modernen Mathematik. Wie man sieht, ist die optimale Reihenfolge, in der man gewisse Tätigkeiten ausführen muß, um nach möglichst kurzer Zeit fertig zu sein, nicht unmittelbar ersichtlich. Was auf den ersten Blick als optimal erscheint, läßt sich meist erheblich verbessern. Bei unserer Aufgabe bewirkt das aha! die Erkenntnis, daß man die zweite Seite eines Steaks nicht unmittelbar nach der ersten braten muß.

Wie immer, läßt sich auch dieses Problem auf verschiedene Arten verallgemeinern. Man kann zum Beispiel die Anzahl der Steaks, die auf den Grill passen, verändern, oder man variiert die Anzahl der zu bratenden Steaks oder beides. Eine andere Möglichkeit der Verallgemeinerung besteht darin, Objekte mit mehr als zwei Seiten zu betrachten, die auf irgendeine Weise auf allen Seiten bearbeitet werden müssen. Beispielsweise könnte eine Person die Aufgabe haben, alle Flächen von n Würfeln rot anzumalen, wobei in jedem Schritt nur die oberen Flächen von k Würfeln bemalt werden dürfen.

Operations Research dient heute zur Lösung aller möglichen praktischen Probleme aus Handel, Industrie, Militär und vielen anderen Bereichen. Damit Sie die Nützlichkeit einer Strategie selbst bei einer so einfachen Aufgabe wie dem Steakproblem eher schätzen lernen, sehen Sie sich doch einmal folgende Variante an. Herr und Frau Vogel haben drei verschiedene Hausarbeiten auszuführen:

1. Der Teppichboden muß gesaugt werden. Sie besitzen nur einen Staubsauger und das Saugen dauert 30 Minuten.
2. Der Rasen muß gemäht werden. Sie besitzen nur einen Rasenmäher und das Mähen dauert auch 30 Minuten.
3. Das Baby muß gefüttert und ins Bett gebracht werden. Auch das nimmt 30 Minuten in Anspruch.

Wie sollen sie vorgehen, um möglichst schnell fertigzuwerden? Sehen Sie, daß ihr Problem zur Steakaufgabe isomorph ist? Wenn Herr und Frau Vogel sich gegenseitig helfen, sieht es zunächst so aus, als brauchten sie insgesamt 60 Minuten. Aber

wenn eine Aufgabe, wie das Staubsaugen halbiert und der zweite Teil aufgeschoben wird wie beim Steakproblem, dann können sie schon in dreiviertel der Zeit, also in 45 Minuten, fertig sein.

Jetzt kommt ein etwas raffinierteres Operations-Research-Problem, bei dem es darum geht, drei Scheiben heißen, mit Butter bestrichenen Toast herzustellen. Bei dem Toaster handelt es sich um ein älteres Modell, das auf beiden Seiten Klappen besitzt, in die man die Scheiben einlegt. Man kann zwar zwei Scheiben auf einmal einlegen, aber jede Scheibe wird nur auf einer Seite getoastet. Um auch die anderen Seiten zu toasten, muß man die Klappen öffnen und die Scheiben herumdrehen.

Man braucht jeweils 3 Sekunden, um eine Scheibe Weißbrot einzulegen, eine Scheibe herauszuholen oder eine Scheibe umzudrehen. Jede Operation nimmt beide Hände in Anspruch. Man kann also nicht gleichzeitig zwei Scheiben einlegen, herausholen oder umdrehen. Auch ist es unmöglich, eine Scheibe mit Butter zu bestreichen, während eine zweite gerade in den Toaster gelegt, gewendet oder herausgenommen wird. Jede Scheibe muß auf jeder Seite insgesamt 30 Sekunden getoastet werden. Das Bestreichen mit Butter dauert 12 Sekunden.

Jede Scheibe wird nur auf einer Seite mit Butter bestrichen. Keine Seite darf bestrichen werden, ehe sie getoastet wurde. Eine Scheibe, die auf einer Seite getoastet und mit Butter bestrichen ist, darf aber noch einmal eingelegt werden, um die andere Seite zu toasten. Vor dem Start wird der Toaster aufgeheizt. Wie schnell kann man die drei Scheiben Weißbrot auf beiden Seiten toasten und jeweils eine Seite mit Butter bestreichen?

Es ist nicht allzu schwer, eine Folge zu finden, die in zwei Minuten abgewickelt ist. Die Gesamtzeit läßt sich jedoch auf 111 Sekunden reduzieren! Dabei ist folgendes zu bedenken: Eine Scheibe kann auf einer Seite angetoastet und wieder herausgenommen werden; später kann man sie noch einmal einlegen und den Toastvorgang für diese Seite abschließen. Sogar mit diesem Trick ist es alles andere als leicht, eine optimale Reihenfolge für die einzelnen Operationen zu finden. Unzählige praktische Probleme dieser Art sind viel komplizierter und verlangen ausgeklügelte mathematische Verfahren, bei denen Computer und Graphentheorie eine wichtige Rolle spielen.

Das verflixte Pflaster

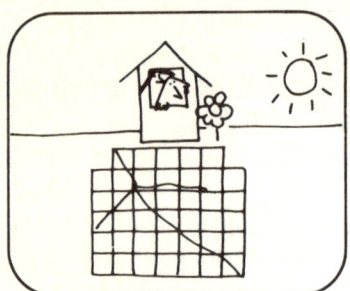

Herrn Kaisers Terrasse ist mit 40 quadratischen Platten gepflastert. Der Zahn der Zeit hatte sie angenagt und Herr Kaiser möchte die Terrasse mit neuen Platten auslegen.

Er sucht sich Platten aus, die farblich zu seinen Gartenmöbeln passen. Leider gibt es diese Platten nur im rechteckigen Format. Jede neue Platte würde zwei der alten, quadratischen Platten ersetzen. **Verkäufer:** „Wieviele Platten wollen Sie, Herr Kaiser?" **Herr Kaiser:** „Nun, ich muß 40 Quadrate ersetzen, also brauche ich 20 Platten."

Als Herr Kaiser versuchte, seine Terrasse mit den neuen Platten auszulegen, war er nach einer Weile ganz verzweifelt. So sehr er sich auch anstrengte, sie wollten und wollten nicht passen.

Tina: „Papi, was ist denn daran so schwer?" **Herr Kaiser:** „Diese verflixten Platten passen einfach nicht. Ich werde noch verrückt. Wie ich's auch mache, immer bleiben zwei Quadrate übrig."

Herrn Kaisers Tochter zeichnete sich einen Plan von der Terrasse und malte die Karos schachbrettartig aus. Dann brütete sie einige Minuten darüber.

Tina: „aha! Jetzt sehe ich, was los ist. Der Fall ist klar, wenn man sich vorstellt, daß jede Platte ein schwarzes und ein weißes Quadrat bedecken muß." Wie hilft uns das weiter? Sehen Sie, worauf Tina hinaus will?

Es gibt 19 schwarze und 21 weiße Quadrate. Immer wenn 19 Platten ausgelegt sind, bleiben 2 weiße Quadrate übrig, die nicht mit einer rechteckigen Platte abgedeckt werden können. Die einzige Lösung besteht darin, die letzte Platte zu halbieren.

Die Paritätsprüfung

Tina hat das Plattenproblem durch Anwendung der sogenannten „Paritätsprüfung" gelöst. Wenn zwei Zahlen beide gerade oder beide ungerade sind, sagt man, sie haben gleiche Parität. Wenn die eine ungerade und die andere gerade ist, sagt man, sie haben verschiedene Parität. In der kombinatorischen Geometrie stößt man oft auf analoge Fälle.

In unserem Problem haben zwei Felder derselben Farbe gleiche und zwei Felder unterschiedlicher Farbe entgegengesetzte Parität. Eine rechteckige Platte bedeckt offensichtlich nur Felderpaare entgegengesetzter Parität. Das Mädchen hat zunächst gezeigt, daß die beiden Felder, die nach dem Auslegen der 19 rechteckigen Platten übrigbleiben, nur dann von der letzten Platte bedeckt werden könnten, wenn sie entgegengesetzter Parität sind. Da die beiden übriggebliebenen Felder aber die gleiche Parität haben, können sie von der letzten Platte nicht abgedeckt werden; daher ist die Verlegung der Terrasse mit solchen Platten unmöglich.

Viele bekannte Unmöglichkeitsbeweise in der Mathematik beruhen auf solchen Paritätsüberlegungen. Vielleicht kennen Sie Euklids berühmten Beweis dafür, daß die Quadratwurzel aus 2 nicht rational sein kann. Bei diesem Beweis wird zunächst angenommen, daß $\sqrt{2}$ sich als so weit wie möglich gekürzter Bruch schreiben läßt. Zähler und Nenner können dann nicht beide gerade sein, sonst ließe sich der Bruch weiter kürzen. Also sind beide ungerade oder einer von beiden gerade. In Euklids Beweis wird dann gezeigt, daß keiner dieser beiden Fälle möglich ist. Mit anderen Worten, Zähler und Nenner können weder gleiche noch verschiedene Parität haben. Weil aber jeder Bruch entweder gleiche oder verschiedene Parität haben muß, kann die Quadratwurzel aus 2 nicht als Bruch geschrieben werden: sie ist also nicht rational.

Die Parkettierungstheorie ist voller Probleme, deren Unmöglichkeit ohne Hilfe von Paritätsprüfungen nur sehr schwer zu beweisen wäre. Unser obiges Problem ist extrem einfach, denn es betrifft das Auslegen mit Dominos, den einfachsten nichttrivialen Polyominos. (Ein Polyomino besteht aus einer Anzahl Quadraten, die über die Kanten miteinander verbunden sind.) Der Unmöglichkeitsbeweis des

Mädchens läßt sich auf jede Matrix aus Einheitsquadraten anwenden, die nach schachbrettartiger Färbung der Felder wenigstens ein Quadrat mehr von der einen Farbe enthält als von der anderen.

Bei unserem Problem kann man die Terrasse als 6×7-Matrix auffassen, bei der zwei gleichfarbige Felder fehlen. Es ist klar, daß man die 40 Felder nicht mit 20 Dominos auslegen kann, wenn die beiden fehlenden Felder von gleicher Farbe sind. Es erhebt sich die interessante Frage, ob man die 6×7-Matrix immer mit 20 Dominos auslegen kann, wenn die beiden fehlenden Felder verschiedene Farbe haben. Hier kann die Paritätsprüfung nicht die Unmöglichkeit beweisen, aber das heißt ja nicht, daß das Auslegen immer möglich ist. Durch Probieren läßt sich die Frage kaum beantworten, denn man müßte viel zu viele Möglichkeiten untersuchen. Gibt es einen einfachen Möglichkeitsbeweis für alle vorkommenden Fälle?

Die Antwort heißt: Ja! Dieser Beweis ist so einfach wie elegant. Er stammt aus einem glänzenden aha!-Einfall Ralph Gomorys. Auch dieser Beweis beruht auf einer Paritätsüberlegung: In dem 6×7-Rechteck gibt es einen geschlossenen, ein Feld breiten Weg, der es ganz ausfüllt (Bild 4). Stellen Sie

Bild 4

sich nun vor, daß zwei verschiedenfarbige Felder irgendwo entlang des Weges entfernt werden. Der Weg zerfällt dann in zwei Teile und jedes Teil besteht aus einer geraden Anzahl von alternierend gefärbten Feldern. Offenbar kann jeder solche Weg mit Dominos ausgelegt werden (man stelle sie sich als Güterwagen vor, die auf einer kurvenreichen Strecke aneinanderzureihen sind); also besitzt das Problem eine Lösung. Vielleicht möchten Sie mit Anwendungen dieses genialen Beweises auf Matrizen anderer Größe und Form etwas experimentieren und untersuchen, was passiert, wenn mehr als zwei Felder herausgenommen werden.

Die Parkettierungstheorie ist ein weites Gebiet der kombinatorischen Geometrie, an dem wachsendes Interesse besteht. Die auszulegenden Gebiete können jede beliebige Form haben, sie können endlich oder unendlich ausgedehnt sein. Ebenso variiert die Form der Steine, und in einigen Problemen kommen statt kongruenter auch verschieden geformte Steine vor. Unmöglichkeitsbeweise beruhen oft auf Färbungen der Grundfläche mit zwei oder mehr Farben.

Das dreidimensionale Analogon zu einem Dominostein ist ein Quader vom Format $1 \times 2 \times 4$. Es ist leicht, solche Quader in einer Schachtel mit den Maßen $4 \times 4 \times 4$ zu packen, aber wie steht es mit der Möglichkeit, eine $6 \times 6 \times 6$-Schachtel mit $1 \times 2 \times 4$-Quadern vollzupacken? Dieses Problem läßt sich genauso beantworten wie das Auslegeproblem für die Terrasse von Herrn Kaiser. Stellen Sie sich vor, daß der Würfel in 27 kleinere Würfel mit den Maßen $2 \times 2 \times 2$ unterteilt ist. Färben Sie diese Würfel abwechselnd weiß und schwarz, wie ein dreidimensionales Schachbrett. Wenn Sie dann die Anzahl der Einheitswürfel von jeder Farbe zählen, werden Sie feststellen, daß es von einer Farbe acht Einheitswürfel mehr gibt als von der anderen.

Egal wie ein $1 \times 2 \times 4$-Quader in der großen Schachtel untergebracht wird, er muß immer genausoviele schwarze wie weiße Einheitswürfel „bedecken". Da aber von einer Farbe 8 Einheitswürfel mehr existieren als von der anderen, bleiben, nachdem 26 Quader untergebracht sind, 8 gleichfarbige Einheitswürfel übrig, die nicht durch den 27. Quader bedeckt werden können. Es wäre außerordentlich langwierig, wollte man die Unmöglichkeit beweisen, indem man jede mögliche Anordnung untersuchte.

Das Packen von Quadern ist nur ein Teil der dreidimensionalen Parkettierungstheorie. Die Literatur über räumliche Packungsprobleme nimmt ständig zu, und es gibt auf diesem Gebiet zahlreiche drängende Probleme, die noch nicht gelöst sind. Viele finden Anwendung bei Fragen der Verpackung von Waren in Kartons oder bei der Stapelung von Waren im Lagerhaus und ähnlichem.

Auch in der Elementarteilchenphysik spielt Parität eine wichtige Rolle. Im Jahre 1957 erhielten zwei chinesisch-amerikanische Physiker den Nobelpreis für ihre Arbeiten, die zur Widerlegung des berühmten Satzes über die „Paritätserhaltung" führten. Die Details sind zu kompliziert, als daß wir hier weiter darauf eingehen könnten, aber es gibt einen besonderen Trick mit Münzen, an dem sich eine Art Paritätserhaltung illustrieren läßt.

Werfen Sie eine Handvoll Münzen auf den Tisch und zählen Sie die Anzahl der Köpfe. Wenn diese Anzahl gerade ist, sagen wir, die Köpfe haben gerade Parität. Andernfalls haben sie ungerade Parität. Wenden Sie nun zwei Münzen um, dann noch zwei und nochmal zwei, wobei Sie die Münzen beliebig auswählen. Es mag Sie überraschen, daß die Parität der Köpfe erhalten bleibt, wieviele Paare Sie auch umdrehen. Wenn sie anfangs gerade war, bleibt sie gerade, wenn sie ungerade war, bleibt sie ungerade.

Diese Tatsache ist die Grundlage für einen raffinierten Zaubertrick. Wenden Sie sich zur Wand und lassen Sie jemanden paarweise Münzen umwenden, solange er will. Dann sagen Sie ihm, er möge irgendeine Münze mit seiner Hand abdecken. Wenn Sie sich jetzt umdrehen und kurz auf die Münzen sehen, können Sie sagen, ob bei der abgedeckten Münze Kopf oder Zahl oben liegt. Das Geheimnis besteht darin, daß Sie anfangs die Zahl der Köpfe zählen und sich merken, ob diese Anzahl gerade oder ungerade ist. Da das paarweise Umwenden von Münzen die Parität nicht ändert, müssen Sie hinterher nur die Anzahl der Köpfe zählen, um zu wissen, ob bei der bedeckten Münze Kopf oder Zahl oben liegt.

Als Variante lassen Sie die Person zwei Münzen mit der Hand bedecken. Sie können dann sagen, ob die abgedeckten Münzen die gleiche oder verschiedene Oberseiten zeigen. Viele geniale, zum Gedankenlesen verwendete Kartentricks funktionieren auf Grund solcher Paritätsprüfungen.

Riesenkleins Haustiere

Professor Riesenklein weilt wieder unter uns.
Prof. Riesenklein: „Ich habe mir ein neues Rätsel für euch ausgedacht. Wieviele Haustiere habe ich zusammen, wenn alle außer zweien Hunde sind, alle außer zweien Katzen und alle außer zweien Papageien?"

Habt ihr es raus?

Prof. Riesenklein hat 3 Haustiere: Einen Hund, eine Katze und einen Papagei. Alle sind Hunde bis auf zwei; alle sind Katzen bis auf zwei; und alle sind Papageien bis auf zwei.

„Alle" für Einen

Dieses verwirrende kleine Problem können Sie im Kopf lösen, wenn Sie darauf kommen, daß das Wort „alle" sich auf bloß *ein* Tier beziehen kann. Der einfachste Fall — ein Hund, eine Katze und ein Papagei — liefert die Lösung. Es ist aber eine gute Übung, sich das Problem in algebraischer Form anzusehen.

Es seien x, y und z die jeweilige Anzahl der Hunde, Katzen und der Papageien; n sei die Anzahl aller Tiere. Wir können dann vier gleichzeitig zu erfüllende Gleichungen aufstellen:

$$n = x + 2$$
$$n = y + 2$$
$$n = z + 2$$
$$n = x + y + z$$

Diese Gleichungen können durch eine von vielen Standardmethoden gelöst werden. Aus den ersten drei Gleichungen folgt $x = y = z$. Da $n = x + 2$ und (nach der vierten Gleichung) $n = 3x$, können wir schreiben $x + 2 = 3x$. Daraus folgt $x = 1$. Die vollständige Antwort folgt aus diesem Wert für x.

Da normalerweise die Anzahl von Tieren in positiven ganzen Zahlen angegeben wird (wer hat schon den Bruchteil einer Katze als Haustier), können wir Riesenkleins Haustier-Aufgabe als triviales Beispiel eines sogenannten diophantischen Problems ansehen, einer algebraischen Aufgabe, die in ganzen Zahlen gelöst werden muß. Manchmal hat eine diophantische Gleichung keine Lösung, manchmal genau eine, manchmal endlich viele und manchmal unendlich viele. Nun folgt ein etwas komplizierteres diophantisches Problem, in dem auch simultane Gleichungen und drei Tierarten vorkommen.

Eine Kuh kostet 10 Mark, ein Schwein 3 Mark und ein Schaf 50 Pfennige. Ein Bauer kaufte insgesamt 100 Tiere, wenigstens eines von jeder Sorte. Dafür gab er genau 100 Mark aus. Wieviele Tiere von jeder Art hat er gekauft?

Es sei x die Anzahl der Kühe, y die der Schweine und z die der Schafe. Wir erhalten zwei Gleichungen:

$$10x + 3y + z/2 = 100$$
$$x + y + z = 100$$

Wenn wir die erste Gleichung mit 2 multiplizieren, um den Bruch zu eliminieren, und dann die zweite Gleichung abziehen, haben wir z eliminiert. Wir erhalten

$$19x + 5y = 100$$

Welche ganzzahligen positiven Werte kommen für x und y in Frage? Eine Möglichkeit, diese Frage zu beantworten, besteht darin, die Gleichung so umzuschreiben, daß der kleinste Koeffizient auf der linken Seite steht: $5y = 100 - 19x$. Wenn wir beide Seiten durch 5 teilen, erhalten wir: $y = (100 - 19x)/5$. Wenn wir nun 100 und $19x$ durch 5 teilen und den Rest extra sortieren, erhalten wir:

$$y = 20 - 3x - 4x/5$$

$4x/5$ muß ganzzahlig sein, und daher muß x ein Vielfaches von 5 sein. Das kleinste Vielfache von 5 ist 5 selber, und wir erhalten $y = 1$. Wenn wir nun (mit Hilfe einer der beiden Anfangsgleichungen) noch z bestimmen, folgt $z = 94$. Wenn x ein größeres Vielfaches von 5 ist, wird y negativ. Das Problem hat also nur eine Lösung: 5 Kühe, 1 Schwein und 94 Schafe.

Sie können eine ganze Menge über die elementare diophantische Analyse entdecken, indem Sie die Preise für die Tiere in diesem Rätsel ändern. Nehmen wir zum Beispiel an, daß Kühe 4 DM, Schweine 2 DM und Schafe $\frac{1}{3}$ DM kosten. Wieviele Tiere kann der Bauer von 100 DM kaufen, wenn er insgesamt 100 Tiere und von jeder Art mindestens eins kaufen will? In diesem Fall gibt es gerade 3 Lösungen. Was passiert, wenn Kühe 5 DM, Schweine 2 DM und Schafe 50 Pfennige kosten? Hier gibt es gar keine Lösung.

Die „Theorie der diophantischen Gleichungen" ist ein riesiger Zweig der Zahlentheorie mit unendlich vielen praktischen Anwendungen. Ein berühmtes diophantisches Problem, genannt der große („letzte") Fermatsche Satz, fragt, ob ganzzahlige Lösungen für die Gleichung $x^n + y^n = z^n$ existieren, wobei n eine ganze Zahl größer als 2 ist. (Für $n = 2$ gibt es unendlich viele Lösungen, die sogenannten pythagoreischen Tripel; z. B. ist $3^2 + 4^2 = 5^2$). Dieser Satz ist das berühmteste ungelöste Problem in der Zahlentheorie. Niemand hat bisher eine Lösung gefunden oder aber beweisen können, daß es keine Lösung gibt.

Pillen mit Übergewicht

31

Eine Apotheke bekam eine Sendung von zehn Flaschen einer bestimmten Medizin. Jede Flasche enthielt 1000 Pillen von je 1 g Gewicht. Herr Pillermann, der Apotheker, hatte die Flaschen gerade auf das Regal gestellt, als ein Telegramm eintraf.

Herr Pillermann las das Telegramm Fräulein Rosen vor, seiner Prokuristin: „Dringend! Keine Pillen verkaufen, ehe alle Flaschen überprüft sind. Versehentlich Pillen einer Flasche 10 mg zu schwer. Fehlerhafte Flasche umgehend zurückschicken."

Herr Pillermann war wütend. **Herr Pillermann:** „Wie ärgerlich, jetzt muß ich aus jeder Flasche eine Pille nehmen und abwiegen."

Herr Pillermann wollte gerade mit dem Wiegen beginnen, als Fräulein Rosen ihn unterbrach: „Moment mal! Wir brauchen doch nicht zehnmal, sondern nur einmal zu wiegen!" Wieso?

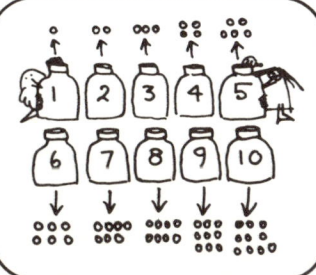

Fräulein Rosen schlug vor, aus der ersten Flasche eine Pille zu nehmen, aus der zweiten zwei, aus der dritten drei und so weiter, und aus der letzten Flasche zehn.

Die 55 Pillen werden gewogen. Wenn das Gewicht 5510 mg beträgt, also 10 mg zu viel, weiß man, daß genau eine Pille zu schwer war. Sie muß aus der ersten Flasche stammen.

Wenn das Gewicht 20 mg zu hoch ist, dann waren 2 Pillen zu schwer, und diese müssen aus der zweiten Flasche stammen, und so weiter. Fräulein Rosen hat die Waage nur einmal benutzt, oder?

Noch mehr Pillen

Sechs Monate später erhielt die Apotheke 10 weitere Flaschen mit derselber Medizin. Kurz darauf kam wieder ein Telegramm. Es besagte, daß diesmal ein noch größerer Fehler unterlaufen war.

Es war eine unbekannte Anzahl Flaschen darunter, in denen sich 10 mg zu schwere Pillen befanden. Herr Pillermann war außer sich.

Herr Pillermann: „Was machen wir jetzt, Fräulein Rosen? Ihr System vom letzten Mal funktioniert hier nicht." Fräulein Rosen dachte eine Weile nach, bevor sie antwortete.

Fräulein Rosen: „Das stimmt. Aber wenn wir die Methode ändern, brauchen wir doch nur einmal zu wiegen und können jede fehlerhafte Flasche herausfinden." Was hatte Fräulein Rosen diesmal im Sinn?"

Das Dilemma mit den Pillen

Bei dem ersten Wägeproblem erhielten wir die Nachricht, daß nur eine Flasche mit zu schweren Pillen gefüllt ist. Wenn wir nun aus jeder Flasche eine andere Anzahl Pillen nehmen (am einfachsten läßt sich dazu die Folge der natürlichen Zahlen benützen) erhalten wir eine eindeutige Zuordnung zwischen der Reihe der Flaschen und der Reihe der natürlichen Zahlen.

Um das zweite Problem zu lösen, müssen wir jeder Flasche eine andere Zahl zuordnen und zwar so, daß jede Untermenge dieser Zahlen eine eindeutige, von jeder anderen Untermenge verschiedene Summe hat. Gibt es solche Zahlenfolgen überhaupt? Ja, und die einfachste solche Folge ist die Verdoppelungsreihe 1, 2, 4, 8, 16, . . . Diese Zahlen sind die aufeinanderfolgenden Potenzen von 2 und bilden die Basis für die Zahlendarstellung im Binärsystem.

Zur Lösung unseres Problems werden die Flaschen in einer Reihe aufgestellt. Dann nehmen wir 1 Pille aus der ersten, 2 Pillen aus der zweiten, 4 Pillen aus der dritten Flasche und so weiter. Die entnommenen Pillen werden dann zusammen gewogen. Nehmen wir an, es ergibt sich ein Übergewicht von 270 Milligramm. Da jede fehlerhafte Pille 10 mg zu schwer ist, teilen wir 270 durch 10 und erhalten 27 für die Anzahl der zu schweren Pillen. Nun stellen wir 27 im Binärsystem dar: 11011. Die Positionen der Einsen sagen uns, welche Potenzen von 2 in 27 enthalten sind. Es sind: 1, 2, 8 und 16. Die Einsen stehen an der ersten, zweiten, vierten und fünften Stelle von rechts in 11011. Die fehlerhaften Flaschen sind also die Flaschen 1, 2, 4 und 5 in der Reihe.

Die Tatsache, daß sich jede natürliche Zahl eindeutig als Summe von Zweierpotenzen darstellen läßt, ist der Grund für die Nützlichkeit des Binärsystems. Die Computerwissenschaft und tausende anderer Gebiete der angewandten Mathematik kommen ohne das Binärsystem nicht aus. Auch in der Unterhaltungsmathematik hat dieses Zahlensystem endlos viele Anwendungen.

Es folgt ein einfacher Kartentrick, mit dem Sie Ihre Freunde in Erstaunen versetzen können. Auch wenn dieser Trick scheinbar mit dem Pillenproblem nichts gemein hat, so liegt doch beiden das Prinzip des Binärsystems zugrunde.

Lassen Sie jemanden ein Spiel Karten mischen. Stecken Sie die gemischten Karten in Ihre Tasche, und lassen Sie sich eine Zahl zwischen 1 und 15 nennen. Dann langen Sie in Ihre Tasche und ziehen einige Karten heraus, deren Werte sich zu der genannten Zahl addieren.

Das Geheimnis ist einfach. Ehe Sie den Trick vorführen, stecken Sie sich ein As, eine Zwei, eine Vier und eine Acht in die Tasche. In dem Spiel fehlen dann zwar vier Karten, aber diese geringe Zahl wird nicht vermißt werden. Den gemischten Stapel stecken Sie unterhalb dieser Karten in die Tasche. Wenn dann die Zahl genannt wird, zerlegen Sie sie in Gedanken in Summanden aus Zweierpotenzen. Wenn zum Beispiel 10 genannt wird, denken Sie „$8 + 2 = 10$". Dann ziehen Sie die Acht und die Zwei aus der Tasche.

Gedankenlesetricks mit Karten lassen sich ebenfalls aus dem Binärsystem heraus entwickeln. Auf Bild 1 im 3. Kapitel (Seite 83) sind sechs Karten dargestellt, mit denen sich jede Zahl zwischen 1 und 63 bestimmen läßt. Bitten Sie jemanden, sich eine Zahl innerhalb dieser Grenzen zu denken — sein Alter zum Beispiel — und Ihnen dann alle Karten auszuhändigen, auf denen diese Zahl auftaucht. Sie können diese Zahl dann sofort angeben. Der Trick ist einfach: Sie zählen die Potenzen von Zwei zusammen, die am Anfang jeder Karte stehen. Wenn Ihnen zum Beispiel die Karten C und F gegeben werden, addieren Sie 4 und 32. Die gesuchte Zahl ist also 36.

Nach welchem Gesetz sind die Zahlen auf den Karten verteilt? Jede Zahl, deren binäre Darstellung am rechten Ende eine 1 hat, kommt auf die Karte A, deren Zahlenfolge mit 1 beginnt. Das sind alle ungeraden Zahlen zwischen 1 und 63. Die Karte B enthält alle Zahlen zwischen 1 und 63, deren Binärdarstellung eine 1 an der zweiten Stelle von rechts hat. Karte C enthält die Zahlen, deren Binärdarstellung eine 1 an der dritten Stelle von rechts hat und so weiter für die Karten D, E und F. Beachten Sie, daß 63, deren Binärdarstellung 111 111 lautet, an jeder Stelle eine 1 hat und daher auf allen Karten auftaucht.

Zauberkünstler gestalten den Trick manchmal noch geheimnisvoller, indem sie jeder Karte eine andere Farbe geben. Der Zauberer merkt sich, welche Farbe zu welcher Zweierpotenz gehört. Zum Beispiel gehört die rote Karte zu 1, die orange zu 2, die gelbe zu 4, die grüne zu 8, die blaue zu 16 und die violette zu 32. (Die Farben sind in der Ordnung der Regenbogenfarben.) Der Zauberer begibt sich nun ans andere Ende eines großen Raumes und bittet jemanden, alle Karten, auf denen die gesuchte Zahl vorkommt, beiseite zu legen. Wenn er die Farben der beiseitegelegten Karten sieht, kann er dann sofort die Zahl nennen.

Das zerteilte Armband

Hildegard, eine junge Frau aus Niederbayern, ist zu Besuch in Berlin. Sie möchte für eine Woche ein Hotelzimmer mieten.

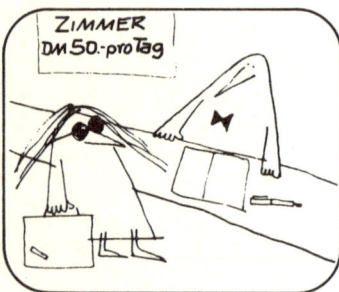

Der Portier war sehr unfreundlich. **Portier:** „Das Zimmer kostet 50 Mark pro Tag und muß bar bezahlt werden." **Hildegard:** „Es tut mir leid, aber ich habe gerade kein Bargeld. Alles, was ich habe, ist dieses goldene Armband. Jedes einzelne Glied ist mehr wert als 50 Mark."

Portier: „Na gut, geben Sie mir das Armband." **Hildegard:** „Nein, jetzt nicht. Ich werde einen Juwelier bitten, es auseinanderzunehmen, so daß ich Ihnen jeden Tag ein Glied geben kann. Am Ende der Woche, wenn ich Bargeld bekommen habe, werde ich es wieder auslösen."

Der Portier war schließlich einverstanden, und Hildegard mußte sich entscheiden, wie das Armband getrennt werden sollte. Das war nicht einfach.

Hildegard: „Ich muß vorsichtig sein, denn der Juwelier wird sich für jedes Glied, das er herausnimmt und später wieder einfügt, bezahlen lassen."

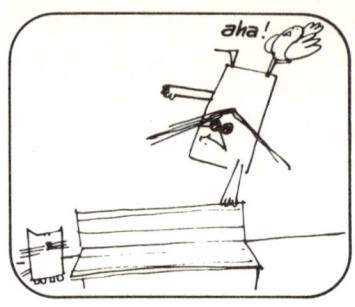

Nach etwas Überlegung wurde ihr klar, daß sie nicht alle Glieder aufschneiden lassen mußte, denn sie konnte ja mit dem Portier hin- und hertauschen. Sie konnte es kaum glauben, als sie schließlich heraushatte, wieviele Glieder der Juwelier zerschneiden mußte. Wieviele Schnitte hätten Sie gemacht?

Nur ein Glied muß aufgeschnitten werden! Es muß das dritte von einem Ende aus sein. Dann ergeben sich Stücke mit 1, 2 und 4 Gliedern. Sie reichen aus, um durch Hin- und Herhandeln dem Portier jeden Tag ein weiteres Glied zu geben.

Das kritische Bindeglied

Zwei aha!-Erlebnisse sind zur Lösung dieses Problems nötig. Als erstes muß man herausfinden, daß die kleinste Menge von Ketten, die man benötigt, um Mengen mit 1, 2, 3, 4, 5, 6 und 7 Gliedern zu bilden, aus 3 Ketten mit einem Glied, zwei Gliedern und vier Gliedern besteht, also aus Zahlen der Verdoppelungsreihe. Wie wir beim vorherigen Problem gesehen haben, bildet diese Potenzreihe die Grundlage der binären Darstellung.

Das zweite aha!-Erlebnis besteht in der Erkenntnis, daß man nur *ein* Glied aufzutrennen braucht, um zu der gewünschten Menge von drei Ketten zu kommen.

Das Problem läßt sich auf längere Ketten verallgemeinern. Nehmen wir zum Beispiel an, Hildegard hat eine Kette mit 63 goldenen Gliedern, die sie so zerschneiden und benutzen will, wie sie ihr Armband benutzt hat; nur möchte sie jetzt für 63 Tage bezahlen — jeden Tag mit einem Glied. Das Zerschneiden von 3 Gliedern würde ausreichen. Sehen Sie, wie man schneiden muß? Können Sie ein Verfahren ausdenken, wie man das Problem für eine beliebig lange Kette mit einer minimalen Zahl aufgetrennter Glieder lösen kann?

Eine interessante Variante des Problems ergibt sich, wenn man von einer geschlossenen Kette mit *n* Gliedern ausgeht. Nehmen Sie zum Beispiel an, Hildegard besäße ein Halsband in Form einer geschlossenen Kette mit 79 goldenen Gliedern. Wieviele Glieder müssen aufgetrennt werden, damit man 79 Tage lang jeden Tag mit einem Glied bezahlen kann?

Kapitel 2

Geometrie
aha!

Die Geometrie ist das Studium der Formen. Das ist zwar richtig, aber als Definition zu allgemein formuliert. Der Juror eines Schönheitswettbewerbs wäre demnach auch Geometer, weil er weibliche Formen begutachtet, aber diese Bedeutung des Wortes steht hier nicht im Vordergrund. Es heißt auch, eine geschwungene Kurve sei die schönste Verbindung zwischen zwei Punkten. Das ist zwar eine Aussage über Elemente der Geometrie, nämlich Kurven, aber sie gehört wohl doch eher in den Bereich der Ästhetik als in den der Mathematik.

Wir wollen uns nun etwas genauer ausdrücken und Geometrie durch Symmetrie definieren. Mit Symmetrie wird jede Transformation bezeichnet, die eine gegebene Figur unverändert läßt. Zum Beispiel besitzt der Buchstabe „H" eine 180-Grad-Rotationssymmetrie: Rotieren Sie ihn um 180 Grad — stellen Sie ihn auf den Kopf — und Sie erhalten wieder den Buchstaben „H". Das Wort „AHA" besitzt eine Spiegelungssymmetrie: Sehen Sie sich „AHA" in einem Spiegel an, und es sieht genauso aus.

Jeder Bereich der Geometrie kann definiert werden als das Studium von Eigenschaften einer bestimmten Figur, die sich unter bestimmten Symmetrietransformationen nicht ändern. Die ebene Euklidische Geometrie zum Beispiel beschäftigt sich mit dem Studium von solchen Eigenschaften, die „invariant" (unverändert) bleiben, wenn eine Figur in der Ebene verschoben, rotiert, gespiegelt oder gleichmäßig gestreckt oder gestaucht wird. In der affinen Geometrie werden Eigenschaften untersucht, welche invariant bleiben, wenn eine Figur auf bestimmte Weise „gestreckt" wird. Die projektive Geometrie untersucht Eigenschaften, die bei Projizierung unverändert bleiben, und in der Topologie schließlich werden Eigenschaften studiert, die auch bei radikalen Transformationen ähnlich jenen, die bei einer Gummipuppe möglich sind, unverändert bleiben.

Geometrische Aspekte tauchen zwar überall in diesem Buch auf, aber hier haben wir Probleme zusammengestellt, bei denen der geometrische Aspekt überwiegt, und natürlich sind es solche, die mit einem aha!-Erlebnis leichter zum Ziel führen. Das erste Rätsel über das Zerteilen von Käse zeigt, wieviele Zweige der Mathematik selbst in den einfachsten Problemen zusammenkommen können. Hier sind es: ebene Geometrie, räumliche Geometrie, Kombi-

natorik und Arithmetik. Außerdem stellt es ein wichtiges Gebiet der Algebra vor, die sogenannte „endliche Differenzenrechnung".

Das Springer-Problem entpuppt sich überraschend als topologische Aufgabe. Die Lösung mit dem Faden zeigt, daß das Problem zu einer Frage über Punkte auf einer einfachen, geschlossenen Kurve äquivalent ist. Dabei kommt es gar nicht auf die Form der Kurve an, sondern nur auf deren topologische Eigenschaften. Wir lösen das Problem mit Hilfe der Punkte eines Kreises, aber man könnte ebensogut ein Quadrat oder ein Dreieck verwenden.

Die nächsten zwei Probleme — „Schwerter und Scheiden" und „Die gepolte Wette" — führen uns noch einmal von der ebenen zur dreidimensionalen Euklidischen Geometrie. Die Flugrouten führen auf ein berühmtes Problem über Wege, die vier Käfer zurücklegen. Dieses Problem zeigt, wie man manchmal durch einfache aha!s die Infinitesimalrechnung umgehen kann. Das Vermessungsproblem spielt dann wieder in der Ebene. Es leitet über zur Zerlegungs- und Parkettierungstheorie. Das Zerlegungsproblem von Fräulein Euklid gehört zur dreidimensionalen und das Parkettierungsproblem zur ebenen kombinatorischen Geometrie.

Das Teppichproblem und sein dreidimensionales Analogon über das Loch in einer Kugel sind zwei elegante Beispiele für Sätze, in denen eine Variable wider Erwarten nur *einen* Wert hat, selbst wenn andere Parameter variieren. Wer würde erwarten, daß das Volumen der Kugel ganz unabhängig von dem Durchmesser des Loches oder vom Radius der Kugel konstant bleibt? Wenn ein Mathematiker zum ersten Mal mit dieser Tatsache konfrontiert wird, so ist die erste Reaktion fast immer Erstaunen, gefolgt von dem Ausruf: „Wunderschön!".

Niemand kann genau sagen, was Mathematiker meinen, wenn sie einen Satz oder einen Beweis schön nennen — es hängt irgendwie mit unerwarteter Einfachheit zusammen — aber alle Mathematiker erkennen einen schönen Satz oder einen schönen Beweis so leicht, wie man einen Menschen schön findet. Die Geometrie ist wegen ihrer Anschaulichkeit ungewöhnlich reich an schönen Sätzen und Beweisen. Einige gute Beispiele davon werden Sie in diesem Abschnitt finden.

Gleicher Käse für alle

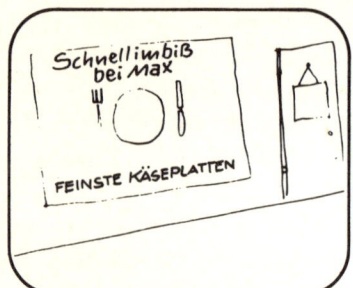

Das Essen in Schnittgers Schnellrestaurant mag nicht besonders gut sein, aber dafür gibt es dort hervorragenden Käse.

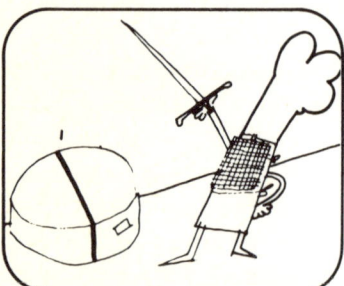

Mit Wagenrädern aus Käse kann man sich gut die Zeit vertreiben. Mit einem einzigen geraden Schnitt kann man einen Käse in zwei gleiche Teile zerlegen.

Mit zwei geraden Schnitten erhält man vier gleiche Teile, und mit drei geraden Schnitten lassen sich sechs gleiche Stücke erzeugen.

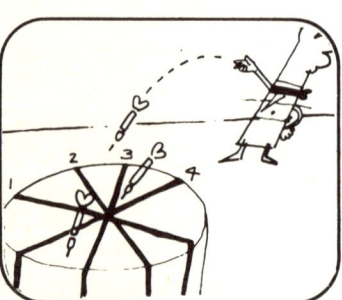

Eines Tages bittet Emmi, die Kellnerin, Herrn Schnittger, den Käse in acht gleiche Teile zu schneiden. **Herr Schnittger:** „Gerne, Emmi, das ist doch ganz einfach. Das mache ich mit vier geraden Schnitten."

Als Emmi den Käse zum Tisch trug, fiel ihr plötzlich auf, daß Herr Schnittger eigentlich nur drei Schnitte gebraucht hätte. Was war Emmi klargeworden?

Drei gerade Schnitte?

Emmi bemerkte, daß der zylinderförmige Käse ja ein räumliches Gebilde ist, das auch durch einen horizontalen Schnitt durch den Mittelpunkt halbiert werden kann. Bild 1 zeigt, wie drei ebene Schnitte den Käse in acht gleiche Teile zerlegen. Bei dieser Lösung wird angenommen, daß die Teile zwischen den Schnitten nicht bewegt werden. Sonst kann man acht Teile auch erhalten, indem man die ersten zwei Teile aufeinanderlegt und schneidet, und die erhaltenen vier Teile wieder aufeinanderlegt und noch einmal durchschneidet.

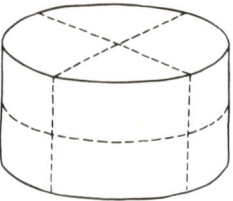

Bild 1

Emmis Lösung ist so einfach, daß man sie fast trivial nennen könnte, und doch liefert sie einen guten Einblick in wichtige Zerteilungsprobleme, die mit Hilfe der Differenzenrechnung untersucht und mit mathematischer Induktion bewiesen werden können. Die Differenzenrechnung ist ein nützliches Werkzeug, um zu einer Folge von Zahlen die allgemeine Formel zu finden. Zahlenfolgen werden heute zunehmend wichtig wegen ihrer vielseitigen Anwendbarkeit, und weil Computer Operationen mit solchen Folgen sehr schnell ausführen können.

Emmis erste Methode, den Käse zu zerteilen, bestand aus geraden Schnitten, die sich in der Mitte der Käseoberseite trafen. Diese Oberseite ist eine ebene Fläche, wie die eines Pfannkuchens. Wir wollen nun sehen, was für Zahlenfolgen wir erhalten können, indem wir einen Pfannkuchen mit geraden Schnitten zerteilen. Wenn alle Schnitte durch den Mittelpunkt des Pfannkuchens verlaufen, erhalten wir mit n Schnitten offenbar $2n$ Stücke.

Gibt der Ausdruck $2n$ auch die größte Anzahl der Stücke wieder, die man durch n durch die Mitte verlaufende Schnitte aus jeder ebenen, durch eine ein-

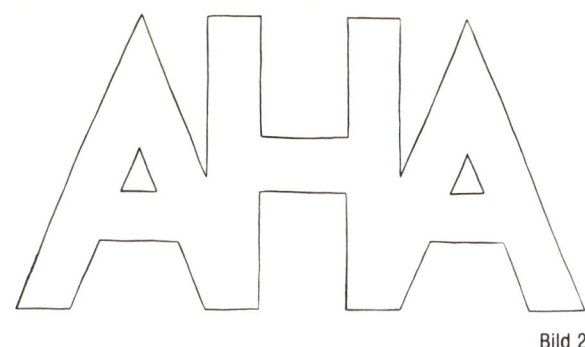

Bild 2

fache geschlossene Kurve begrenzten Figur bekommen kann? Die Antwort ist: Nein! Bild 2 zeigt, daß man leicht nichtkonvexe Formen zeichnen kann, die man durch einen einzigen Schnitt in beliebig viele Teile zerlegen kann. Ist es auch möglich, eine ebene Figur zu zeichnen, die man durch einen einzigen Schnitt in jede endliche Zahl *kongruenter* Stücke zerlegen kann? Wenn ja, welche Eigenschaften muß der Umriß dieser Figur dann haben, um durch einen geraden Schnitt n kongruente Teile zu erhalten?

Das Zerteilen von Pfannkuchen wird interessanter, wenn man nicht verlangt, daß alle Schnitte durch den Mittelpunkt verlaufen. Sie werden schnell herausfinden, daß man erst ab $n = 3$ mehr als $2n$ Teile erzeugen kann. Es kommt uns jetzt nicht mehr dar-

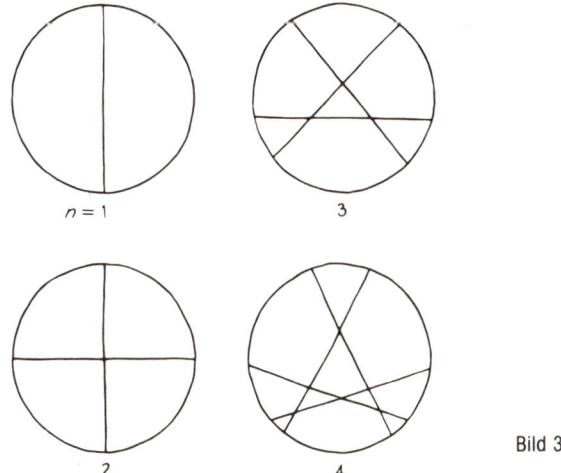

$n = 1$ 3

2   4

Bild 3

auf an, kongruente oder flächengleiche Teile zu erzeugen. Bild 3 zeigt, wie man die maximale Zahl von

Stücken erhält, wenn n die Zahlen 1, 2, 3 und 4 durchläuft. Die entsprechenden Stückzahlen sind 2, 4, 7, 11. Diese wohlbekannte Zahlenfolge wird von der Formel

$$\frac{n(n-1)}{2} + 1$$

erzeugt, wenn n die Zahl der geradlinigen Schnitte ist. Beginnend mit $n = 0$ lauten die ersten zehn Glieder dieser Folge: 1, 2, 4, 7, 11, 16, 22, 29, 37, 46, . . . Wenn wir jetzt die Differenzen der aufeinanderfolgenden Zahlen aufschreiben, erhalten wir: 1, 2, 3, 4, 5, 6, 7, 8, 9, . . . Die Differenzenfolge davon lautet: 1, 1, 1, 1, 1, 1, 1, 1, 1, . . . Das legt nahe, daß die Anzahl der Teile durch einen in n quadratischen Ausdruck beschrieben wird.

Wir sagen „legt nahe", denn das Aufstellen einer Formel für die endliche Folge mit Hilfe der Differenzenrechnung beweist noch nicht, daß diese Formel auch für die unendliche Folge gilt. Das muß erst noch bewiesen werden. Im Falle der Pfannkuchenformel läßt sich in der Tat ein einfacher Induktionsbeweis ohne Schwierigkeit finden.

Von hier aus können Sie viele faszinierende Entdeckungsreisen unternehmen, die zu höchst ungewöhnlichen Zahlenfolgen, Formeln und Beweisen mittels mathematischer Induktion führen. Hier ein paar Aufgaben für den Anfang.

Wie groß ist die maximale Anzahl von Stücken, die man erhalten kann, indem man

1. einen hufeisenförmigen Eierkuchen mit n geradlinigen Schnitten zerteilt?
2. ein kugel- oder zylinderförmiges Stück Käse durch n ebene Schnitte zerlegt?
3. aus einem Eierkuchen mit einer kreisrunden Plätzchenform n Stücke herausschneidet?
4. einen ringförmigen Eierkuchen (einen mit einem Loch in der Mitte) durch n gerade Schnitte zerlegt?
5. einen Pfannkuchenkringel (Torus) mit n ebenen Schnitten zerteilt?

Bei all diesen Problemen wird angenommen, daß die Stücke zwischen den Schnitten nicht bewegt werden. Wie ändern sich die Lösungen, wenn die Teile nach jedem Schnitt neu neben- oder übereinander gelegt werden dürfen?

Dienliche Diagonalen

Mitten im Stadtpark gibt es eine große, kreisrunde Spielwiese. Die Stadtväter wollen dort ein rhombusförmiges Schwimmbecken bauen.

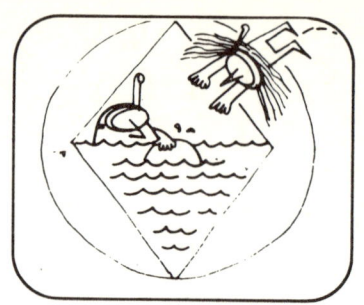

Was haben die beiden gesehen, das ihnen die Antwort gab?

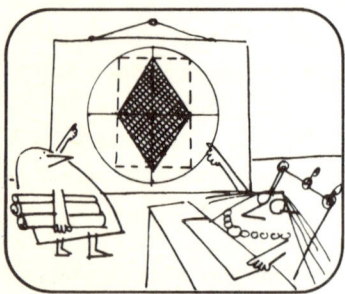

Als Richard Kluge, der Bürgermeister, die Pläne studiert hatte, sprach er mit dem Architekten. **Bürgermeister Kluge:** „Ich finde die rhombische Form des Schwimmbeckens und das rote Mosaik sehr schön. Wie lang ist eigentlich eine Seite des Schwimmbeckens?"

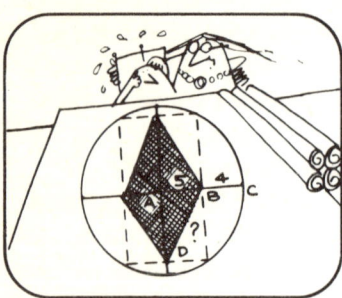

Mies van Nimmerweis, der Architekt, wußte nicht, was er antworten sollte. **Herr Nimmerweis:** „Nun, wir wollen mal sehen. Es sind 5 Meter von A nach B und 4 Meter von B nach C. Hmm. Es muß doch eine Möglichkeit geben, die Länge von B nach D auszurechnen. Vielleicht läßt sich der Satz des Pythagoras anwenden."

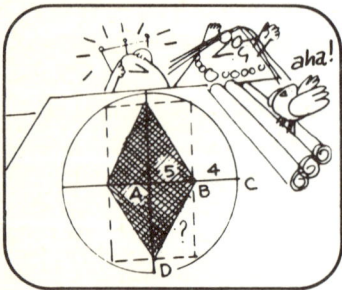

Herr Nimmerweis zerbrach sich immer noch den Kopf, als der Bürgermeister plötzlich rief: **Herr Kluge:** „aha! Ich hab's! Die Seiten des Beckens sind genau 9 Meter lang. Das ist doch sonnenklar."

Herr Nimmerweis: „Zum Geier, Sie sind Kluge. Und ich werd' nimmer weis'."

Ein schräger Radius

Herr Kluge hat plötzlich erkannt, daß jede Seite des Beckens die Diagonale eines Rechtecks darstellt, dessen andere Diagonale gleich dem Radius der kreisförmigen Spielwiese ist. Da die beiden Diagonalen in einem Rechteck gleich lang sind, hat jede Seite des Beckens die Länge dieses Kreisradius. Der Radius beträgt $5 + 4 = 9$ Meter, also ist jede Beckenseite 9 Meter lang. Den Satz des Pythagoras anzuwenden, ist ganz unnötig.

Vielleicht werden Sie den Wert dieser aha!-Überlegung mehr schätzen, wenn Sie einmal versuchen, die Seitenlänge des Beckens auf konventionellere Weise zu berechnen. Wenn Sie nur den Satz des Pythagoras und die Sätze über ähnliche Dreiecke benutzen, wird die Lösung lang und kompliziert. Man kann sie etwas verkürzen, indem man folgenden Satz aus der ebenen Geometrie verwendet: Wenn sich zwei Sehnen innerhalb eines Kreises schneiden, dann ist das Produkt aus den beiden Teilen der einen Sehne gleich dem Produkt aus den beiden Teilen der anderen Sehne. Durch Anwendung dieses Satzes erhält man für die Höhe des rechtwinkligen Dreiecks $\sqrt{56}$. Aus dem Satz des Pythagoras kann man nun die Länge der Hypotenuse des rechtwinkligen Dreiecks mit 9 Metern bestimmen.

Ein ähnliches Problem ist das berühmte Rätsel von der Wasserlilie, welches der Dichter Henry Longfellow in seinen Roman „Kavenaugh" eingefügt hat: Wenn der Stengel der Wasserlilie senkrecht

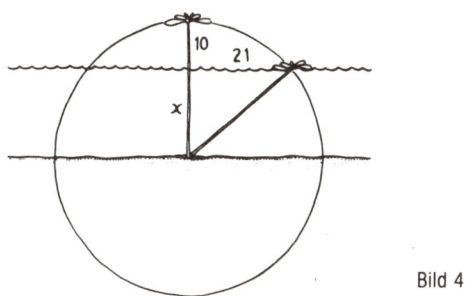

Bild 4

steht, ragt die Blüte 10 cm über die Wasseroberfläche hinaus. Zieht man nun die Lilie zur Seite und hält dabei den Stengel gerade, so berührt die Blüte die Wasseroberfläche 21 cm von dem Ort entfernt, an dem der Stengel vorher die Oberfläche durchstoßen hat. Wie tief ist der See?

Das Rätsel kann leicht gelöst werden, wenn man sich zunächst eine Zeichnung wie in Bild 4 anfertigt. Dieses Bild ist im wesentlichen das gleiche wie beim Problem mit dem Schwimmbecken. Unsere Aufgabe besteht in der Berechnung der Strecke x. Wie das Schwimmbeckenproblem, kann auch dieses auf verschiedene Weise gelöst werden, aber wenn Sie sich an den Satz über sich schneidende Sehnen in einem Kreis erinnern, werden Sie es ohne viel Mühe herausbekommen.

Und nun noch ein schönes Schwimmbeckenrätsel, das durch ein aha!-Erlebnis schnell gelöst werden kann: Ein Delphin befindet sich an der westlichen Kante eines kreisrunden Beckens am Punkt A. Er schwimmt eine gerade Strecke von 12 m und stößt dann am Punkt B an den Rand des Beckens. Dort wendet er und schwimmt noch einmal eine gerade Strecke von 5 m und erreicht bei Punkt C, genau gegenüber von A, wieder den Rand. Welche Strecke hätte er zurückgelegt, wenn er sofort in gerader Linie von A nach C geschwommen wäre?

Das aha!-Erlebnis, mit dem man dieses Rätsel lösen kann, besteht darin, daß man sich erinnert, daß der Winkel über einem Halbkreis ein rechter ist. Das Dreieck ABC ist also ein rechtwinkliges Dreieck. In unserem Fall sind die Katheten des Dreiecks 5 und 12 Meter lang, die Länge der Hypotenuse beträgt also 13 Meter. Und die Moral von der Geschicht': Vielfach besteht der Schlüssel, der ein geometrisches Problem geradezu lächerlich einfach macht, in der Erinnerung an einen fundamentalen Satz aus der Euklidischen Geometrie.

Der große Springertausch

Bei einem Treffen des Schachklubs stellte Herr Laufer ein Rätsel.
Herr Laufer: „Vertauschen Sie auf diesem Schachbrett mit neun Feldern in möglichst wenigen Zügen die schwarzen mit den weißen Springern."

Ehe sie ihre Erklärung begann, zeichnete Fanny ein Bild, in dem sie mit geraden Linien jeden möglichen Springerzug darstellte.

Ein Spieler fing so an und brauchte dann 24 Züge, um die weißen Springer nach oben und die schwarzen nach unten zu bekommen.

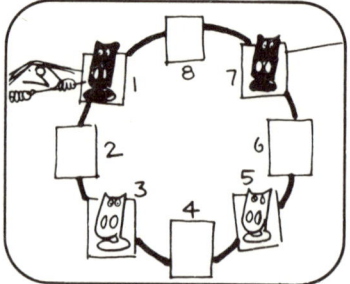

Fräulein Fischer: „Stellen Sie sich vor, daß die geraden Linien Fäden sind, und die acht numerierten Felder Perlen an einer ineinandergeschlungenen Halskette. Jetzt legen wir die Kette so auseinander, daß sie einen großen Kreis bildet.

Ein anderer Spieler schaffte es in 20 Zügen.

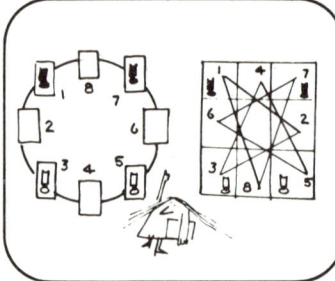

Fräulein Fischer: „Jedem Zug auf dem Brett entspricht ein Zug auf diesem Kreis. Um die Springer zu vertauschen, müssen wir sie nur in der gleichen Richtung um den Kreis herum bewegen."

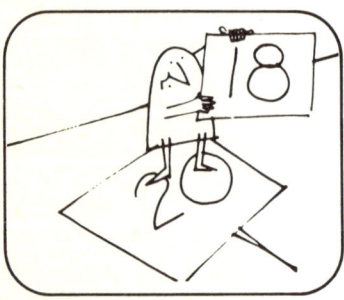

Aber keiner hatte es in weniger als 18 Zügen geschafft, als Fanny Fischer dazukam.

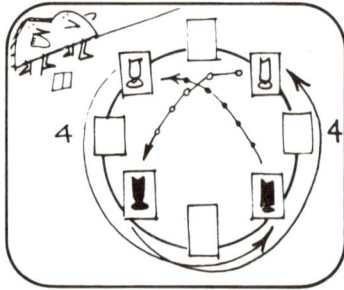

Herr Laufer: —Sie haben recht, Fanny. Und am Ende hat jeder Springer viermal gezogen. Das ergibt zusammen 16 Züge, und mit weniger Zügen kann man es nicht schaffen.

Fräulein Fischer: „aha! Ich schaffe es in 16 Zügen und ich kann beweisen, daß es nicht mit weniger Zügen geht."

Fanny ersetzte nun einen weißen durch einen roten Springer und bat die Anwesenden, die Positionen des roten und des weißen Springers in möglichst wenigen Zügen zu vertauschen. Was meinen Sie, warum sie verschmitzt lächelte, als sie die Aufgabe stellte?

Die Springer und der Stern

Fanny löste die Springeraufgabe, indem sie sie in ein isomorphes Problem mit einer einfachen aha!-Lösung umwandelte. Die Aufgabe, die sie dann stellte, kann durch das gleiche merkwürdige Verfahren gelöst werden wie die erste. Wenn wir die Felder durch Fäden verbinden und das Gewirr zu einem Kreis öffnen, stellen wir fest, daß die Springer in folgender zyklischer Reihenfolge stehen: Schwarz, schwarz, rot, weiß. Fanny hat dabei gelächelt, weil sie erkannt hatte, daß der rote und der weiße Springer die Plätze gar nicht vertauschen können. Ihre Stellung ist unveränderlich, weil kein Springer einen anderen durch das Ziehen in egal welcher Richtung entlang des Kreises überspringen kann.

Sehen Sie warum?

Wenn man den Kreis im Uhrzeigersinn durchläuft, befindet sich der weiße Springer immer direkt hinter dem roten. Wenn es möglich wäre, den roten mit dem weißen Springer zu vertauschen, dann müßte man die zyklische Ordnung umkehren, und der rote Springer würde sich direkt hinter dem weißen befinden. Das ist offenbar unmöglich, denn dazu müßte ein Springer über beide schwarzen Springer springen. Die Verwandlung des Problems in ein topologisches über die Ordnung von vier Punkten auf einer einfach geschlossenen Kurve ergibt einen einfachen Unmöglichkeitsbeweis, der auf andere Weise nur sehr schwer zu finden wäre. Dem werden Sie sicherlich zustimmen, wenn Sie einmal versuchen, das Problem auf andere Weise zu lösen.

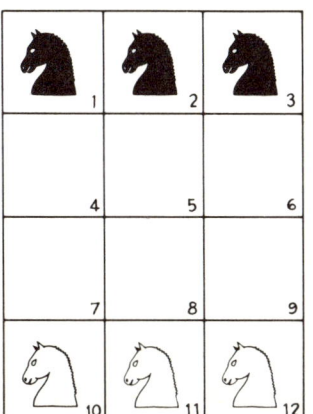

Bild 5

Haben Ihnen die beiden Springerprobleme gefallen? Hier ist noch eines, das eine noch größere Herausforderung darstellt. Sehen Sie sich das Problem auf dem 3 x 4-Feld in Bild 5 an. Wie vorher besteht die Aufgabe darin, die Positionen der schwarzen Springer mit denen der weißen zu vertauschen, und zwar in minimaler Zugzahl.

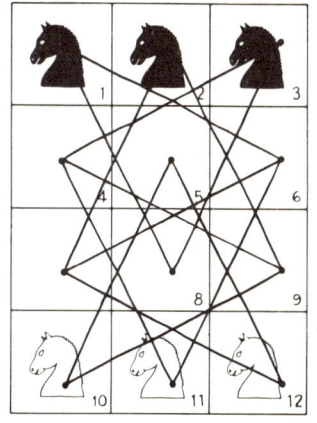

Bild 6

In diesem Fall ist der isomorphe Graph komplizierter (Bild 6). Der Graph ist natürlich ein Diagramm, welches jeden möglichen Springerzug darstellt. Wenn wir wieder annehmen, daß der Graph aus Fäden und Perlen besteht, so können wir ihn diesmal nicht in einen Kreis deformieren. Wir können ihn jedoch in die im Bild 7 gezeigte Form bringen. Die Zahlen in diesem Bild entsprechen den Nummern der Felder in den Bildern 5 und 6.

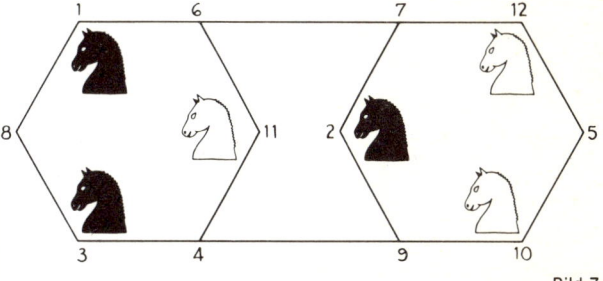

Bild 7

Das Problem, die weißen mit den schwarzen Springern in diesen Graphen zu vertauschen, ist also isomorph zu dem ursprünglichen Problem. Jetzt ist es jedoch viel einfacher, die Lösung zu finden. Versuchen Sie es! Es geht in 16 Zügen.

In einem alten Rätsel, das mit Hilfe der Faden-Perlen-Technik gelöst werden kann, wird der Stern aus **Bild 8** verwendet. **Wenn Sie sich daran versuchen wollen, benötigen Sie sieben Münzen oder kleine Spielsteine. Die Aufgabe besteht in Folgendem: Legen Sie eine Münze auf irgendeinen Eckpunkt des Sterns und bewegen Sie sie entlang einer schwarzen Linie zu einem anderen Punkt. Eine Münze kann nur einmal gezogen werden.**

Nun legen Sie eine zweite Münze auf irgendeinen unbesetzten Eckpunkt und ziehen sie zu einem anderen freien Punkt. Verfahren Sie so weiter, bis alle sieben Münzen auf den Eckpunkten des Sterns liegen.

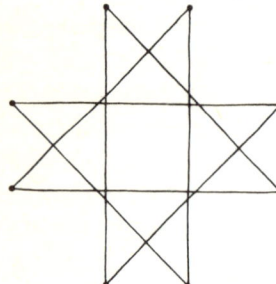

Bild 8

Sie werden bald herausfinden, daß Sie steckenbleiben, wenn Sie die Münzen nicht nach einem sorgfältig ausgedachten Plan ziehen. Das Problem besteht darin, einen Plan zu finden, der es erlaubt, alle sieben Münzen den Regeln entsprechend zu plazieren und zu ziehen. Können Sie einen solchen Plan aufstellen?

Der sternförmige Graph kann, wie der Graph in den beiden ersten Springerproblemen, zu einem Kreis geöffnet werden. Jetzt ist es leicht, die Münzen zu plazieren und zu ziehen. Es gibt viele Möglichkeiten. Ein einfacher Weg ist folgender: Legen Sie die erste Münze auf ein beliebiges Feld und führen Sie einen beliebigen Zug aus. Danach legen und ziehen Sie alle Münzen so, daß sie auf dem von der vorhergehenden Münze verlassenen Punkt enden.

Stellen Sie diese Rätsel Ihren Freunden. Nur wenige werden eine Lösung finden, selbst wenn Sie es ihnen (schnell) vorgeführt haben.

Schwerter und Scheiden

Sehen Sie sich das Bild genau an. Kommt Ihnen nicht irgendetwas merkwürdig vor?

Natürlich! Das Schwert. Es paßt unmöglich in die Scheide.

Nur wenn die beiden Schwerter eine gleichmäßige Krümmung besitzen, dann passen sie in die zugehörigen Scheiden. Können Sie sich noch eine dritte Möglichkeit für ein Schwert und eine Scheide vorstellen?

Sind Sie darauf gekommen, an dreidimensionale Kurven zu denken? Es stellt sich heraus, daß eine Spirale (Helix) die einzig mögliche andere Form für ein Schwert und seine Scheide ist.

Die allgemeine Helix

Die Helix (Spirale) ist zu einem wichtigen Gegenstand der heutigen Wissenschaft, besonders der Biologie und der Kernphysik geworden. Es ist die Struktur des DNS-Moleküls. Anders als ihre ein- und zweidimensionalen Verwandten, die gerade Linie und der Kreis, besitzt die Helix eine „Händigkeit", eine Orientierung; das heißt, sie kann rechts- oder linksherum gewunden sein. Gerade und Kreis gleichen ihrem Spiegelbild, aber bei der Helix ändert eine Spiegelung die Orientierung. Neutrinos zum Beispiel bewegen sich mit Lichtgeschwindigkeit, aber da sie einen „Spin" besitzen, kann man ihnen eine orientierte Helix zuordnen. Neutrino und Antineutrino entsprechen Helices entgegengesetzter Orientierung.

Es gibt eine ganze Reihe von Beispielen für das Auftreten von Helices in der Natur und im täglichen Leben. Eine „rechtshändige" Helix besitzt nach traditioneller Definition eine Orientierung wie ein Korkenzieher: Sie „bewegt sich weg", wenn man sie im Uhrzeigersinn dreht. Schrauben, Bolzen und Muttern sind auf der ganzen Welt normalerweise rechtshändig. Spiralförmige Strukturen wie Wendeltreppen, Federn, Kabelrollen und so weiter kommen in beiden Orientierungen vor.

In der Natur treten Spiralen auf bei den Hörnern vieler Tiere, Schneckengehäusen, Muschelschalen, dem langen Zahn des Narwals, der Schnecke des menschlichen Ohres und Nabelschnüren. In der Pflanzenwelt findet man die Helix bei Stielen und Stengeln, Ranken, Samen, Blumen, der Anordnung von Blättern um die Äste, bei Baumstämmen usw. Eichhörnchen bewegen sich auf Spiralen, wenn sie Baumstämme hinauf- und herunterklettern. Fledermäuse bewegen sich auf spiralförmigen Bahnen, wenn sie aus ihren Höhlen herausfliegen. Kegelförmige Helices treten bei Wetterphänomenen wie Strudeln und Tornados auf. Wasser fließt spiralförmig durch den Abfluß. Weitere Beispiele können Sie in dem Buch „Das gespiegelte Universum" von Martin Gardner finden.

Eine reguläre Helix ist eine um einen Zylinder mit kreisförmigem Querschnitt gewundene Spirale, welche die Elemente des Zylinders unter konstantem Winkel schneidet. (Die Elemente sind zur Achse parallele Geraden auf der Zylinderoberfläche). Wir nennen diesen Winkel Theta. Es ist leicht zu sehen, daß die Helix eine Gerade ist, wenn Theta null Grad beträgt. Bei Theta gleich 90 Grad ist die Helix ein Kreis. Das läßt sich auch analytisch ausrechnen, indem man die Parameterdarstellung einer regulären Helix aufschreibt und Theta zwischen 0 und 90 Grad variiert. Kreis und Gerade sind also Grenzformen der allgemeineren Kurve im Raum: der Helix. Die reguläre Helix ist die einzige räumliche Kurve konstanter Krümmung. Daher sind die Helix und ihre zwei Grenzformen die einzig möglichen Formen für die Schwerter und die zugehörigen Scheiden.

Eine Projektion der Helix in die Ebene liefert offenbar einen Kreis. Wenn man aber die Helix rechtwinklig zur Achse des Zylinders projiziert, erhält man eine Sinuskurve. Das kann man wieder mit Hilfe der Parameterdarstellung bestätigen. Diese Tatsache liefert einen angenehmen Zugang zu Sinuskurven und ihren Eigenschaften.

Hier nun eine kleine Geschichte über eine Helix mit einer guten aha!-Lösung. Ein 100 Meter hoher, zylindrischer Turm besitzt innen einen Fahrstuhl. Auf der Außenseite windet sich eine spiralförmige Treppe nach oben, die mit der Senkrechten einen konstanten Winkel von 60 Grad einschließt. Der Durchmesser des Turmes beträgt 13 Meter.

Eines Tages fuhren Herr und Frau Pizza mit dem Fahrstuhl zur Aussichtsplattform oben auf dem Turm. Ihr Sohn „Tomate" Pizza dagegen benutzte lieber die Treppe. Als er schließlich oben anlangte, atmete er schwer.

„Kein Wunder, daß du so außer Atem bist, mein Sohn", bemerkte Herr Pizza. „Du wirst ja viermal so weit gegangen sein wie wir, und noch dazu zu Fuß."

„Das stimmt nicht, Papa", entgegnete „Tom". „Ich bin nur *doppelt* so weit gelaufen."

Wer hatte recht, „Tom" oder sein Vater? Man möchte meinen, der Durchmesser des Turmes müßte in die Berechnung der Länge der Treppe einbezogen werden, aber das ist keineswegs der Fall. Überraschenderweise ist der Durchmesser des Turmes (13 m) eine überflüssige Information, die völlig ignoriert werden kann.

Der Grund für die Überflüssigkeit des Durchmessers liegt darin, daß die Spiraltreppe gleich der Hypotenuse eines Dreiecks mit den Winkeln 60, 30 und 90 Grad und der Höhe 100 m ist. Die Hypotenuse eines solchen Dreiecks ist natürlich doppelt so lang wie dessen Höhe (die Seite, die dem 30-Grad-Winkel gegenüber liegt). „Tomate" hatte also recht.

Sie können sich davon überzeugen, wenn Sie eine Pappröhre, wie sie zum Postversand von Drucken oder zum Aufwickeln von Papier benützt wird, entrollen. Das Ergebnis wird Sie vielleicht verwundern. Sie werden sofort sehen, daß die Länge der Seite, die zur Spirale gewunden wird, vom Durchmesser der Röhre unabhängig ist.

Die gepolte Wette

Wetten-Egon sitzt mit seinem Freund Roger, dem Flugkapitän, in der Kneipe.

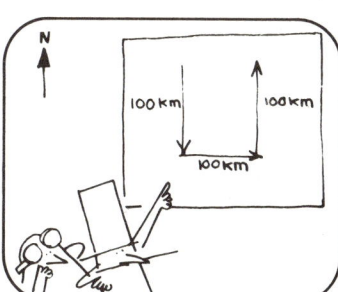

Egon: „Roger, ich wette fünf Mark, daß du folgende Aufgabe nicht rausbekommst. Ein Pilot fliegt 100 km genau nach Süden, dann 100 km genau nach Osten und schließlich 100 km genau nach Norden. Dann stellt er fest, daß er wieder an seinem Ausgangspunkt ist. Wo ist er gestartet?"

Roger: „Die Wette nehme ich an, Egon. Das ist doch ein alter Hut. Der Pilot ist am Nordpol gestartet."
Egon: „Richtig. Hier sind deine fünf Mark. Ich wette nochmal fünf Mark, daß dir kein anderer Startpunkt einfällt."

Roger denkt lange nach.

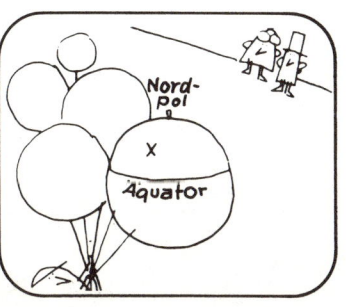

Roger: „Es kann keinen anderen Startpunkt geben, Egon, und ich kann es dir beweisen. Nimm an, der Pilot startet irgendwo zwischen Nordpol und Äquator."

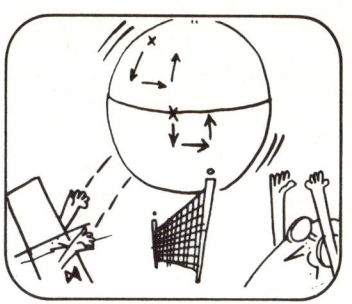

Roger: „Es ist doch ganz klar, daß er nicht dahin zurückkommen kann, wo er losgeflogen ist. Wenn er auf dem Äauator startet, befindet er sich hinterher ungefähr 100 km von seinem Startpunkt entfernt."

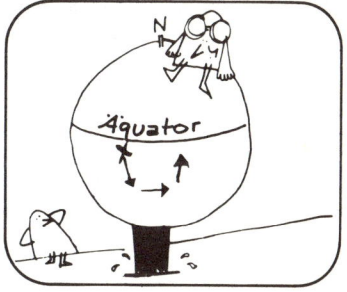

Und wenn er irgendwo südlich des Äquators losfliegt, dann verfehlt er seinen Startpunkt sogar mehr als 100 km."

Egon: „Gut, willst du den Einsatz verdoppeln und wetten, daß es keinen anderen Startpunkt gibt?" Roger nahm an und verlor. Sehen Sie warum?

„Angenommen, der Pilot startet irgendwo auf einem Kreis A, der 116 km vom Südpol entfernt ist. Dann fliegt er 100 km nach Süden.

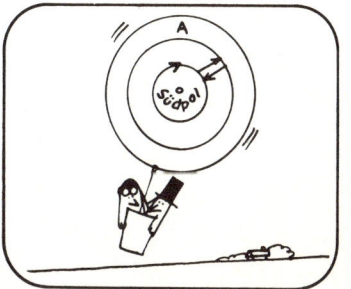

Wenn er jetzt 100 km nach Osten fliegt, beschreibt er genau einen Kreis um den Pol. Wenn er dann 100 km nach Norden fliegt, muß er wieder an seinen Ausgangsort zurückkommen, stimmt's?"

Roger: „Richtig, hier hast du deine zehn Mark."
Egon: „Willst du noch fünf Mark darauf wetten, daß es jetzt keine weiteren Startpunkte mehr gibt?"
Roger: „Du meinst andere als den Nordpol und alle Punkte auf dem Kreis A?"
Egon: „Ja, genau das meine ich."

Roger: „Darauf wette ich sogar 100 Mark!"

Der arme Roger verlor schon wieder. Welches aha! war ihm diesmal entgangen?

Startpunkte

Roger verlor die zweite Wette, weil er nicht auf folgende Überlegung kam: Der Pilot kann so nahe am Südpol starten, daß er bei seinem Flug nach Osten den Südpol *zweimal* umkreist statt nur einmal, wie bei der vorhergehenden Lösung. Diese neue Reihe von möglichen Startpunkten liegt ebenfalls auf einem Kreis um den Südpol. Desgleichen kann der Pilot auch von einem noch kleineren Kreis aus starten, so daß er dann beim Flug nach Osten den Südpol dreimal, viermal oder noch öfter umrundet. Man erhält also als mögliche Startpunkte eine unendliche Anzahl konzentrischer Kreise um den Südpol und der Radius seiner kreisförmigen Flugbahn geht gegen Null.

Nun zu einem neuen Problem, bei dessen Lösung eine faszinierende Kurve auf der Kugeloberfläche herauskommt: eine Loxodrome. Ein Pilot startet am Äquator und fliegt ständig nach Nordosten. Wo wird sein Flug enden? Wie lang ist sein Weg, und wie sieht er aus?

Es wird Sie vielleicht überraschen, daß der Weg eine Spirale ist, die die Meridiane der Erde unter konstantem Winkel schneidet und genau im Nordpol endet. Der Kurs ist eine sphärische Helix, die den Nordpol „einschnürt", d. h., ihn unendlich oft umkreist. Denken Sie sich den Piloten als sich bewegenden Punkt. Paradoxerweise hat der Weg, den der Punkt zurücklegt, eine endliche Länge, die man auch berechnen kann, obwohl er den Nordpol unendlich oft umrundet. Wenn also der Pilot (repräsentiert durch unseren Punkt) sich mit konstanter Geschwindigkeit bewegt, dann erreicht er den Pol in endlicher Zeit.

Die Form einer in die Ebene übertragenen Loxodrome hängt von der verwendeten Kartenprojektion ab. Auf der üblichen, mit Merkatorprojekten hergestellten Weltkarte erscheint die Loxodrome als Gerade. Aus diesem Grund ist die Merkatorkarte in der Navigation so nützlich. Schiffe oder Flugzeuge, die sich nach konstanter Kompaßrichtung bewegen, folgen einer leicht aufzuzeichnenden Gerade auf der Karte.

Was aber passiert, wenn der Pilot am Nordpol startet und immer nach Südwesten fliegt? Das ist die Umkehrung des letzten Problems. Der Weg ist wieder eine Loxodrome, aber nun kann man nicht mehr sagen, wo diese Kurve den Äquator schneidet! Sie kann den Äquator in *jedem beliebigen* Punkt erreichen. Sie können dies durch Umkehrung der Zeitrichtung beweisen: Lassen Sie das Flugzeug irgendwo am Äquator starten, und sein Rückwärtsflug muß zum Nordpol führen. Wenn der Pilot jedoch seinen Vorwärtsflug über den Äquator hinaus fortsetzt, wird seine Loxodrome den Südpol einschnüren und schließlich erreichen.

Wenn man eine Loxodrome auf eine Ebene parallel zum Äquator projiziert, die den Nordpol tangential berührt, dann ergibt sich eine gleichwinklige oder sogenannte logarithmische Spirale. Das ist eine Spirale, die den Radiusvektor stets unter konstantem Winkel schneidet.

Das „Vier-Käfer-Problem" ist auch ein wohlbekanntes Problem, bei dem eine logarithmische Spirale vorkommt und dessen herrliches aha!-Erlebnis viel mühsames Rechnen überflüssig macht. Wir bringen es hier als Geschichte über die Familie Pizza und ihre Schildkröten.

„Tom" Pizza hat seine vier Schildkröten so dressiert, daß August immer zu Berta, Berta zu Charles, Charles zu Doris und Doris zu August kriecht. Eines Tages setzte er seine vier Schildkröten in der Ordnung ABCD in die vier Ecken eines quadratischen Zimmers. Seine Eltern und er beobachteten nun, was geschah:

„Sehr interessant, mein Sohn", meinte Herr Pizza. „Jede Schildkröte kriecht auf die Schildkröte zu ihrer Rechten zu. Alle bewegen sie sich mit der gleichen Geschwindigkeit. Sie befinden sich also zu jeder Zeit in den Ecken eines Quadrats (Bild 9)."

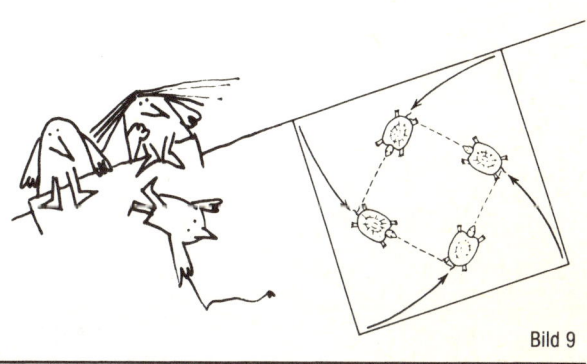

Bild 9

„Ja, Papa", erwiderte „Tom", „und das Quadrat dreht sich, da es immer kleiner wird. Seht, sie treffen sich genau in der Mitte des Zimmers!"

Nehmen wir nun an, daß jede Schildkröte mit einer konstanten Geschwindigkeit von einem Zentimeter pro Sekunde kriecht und daß jede Wand des quadratischen Zimmers drei Meter lang ist. Wie lange dauert es dann, bis sich die Schildkröten in der Mitte des Zimmers treffen? Natürlich stellen wir uns die Schildkröten wieder idealisiert, als Punkte, vor.

Herr Pizza versuchte das Problem durch Differentialrechnung mit Hilfe seines neuen programmierbaren Taschenrechners zu lösen. Doch plötzlich unterbrach ihn Frau Pizza: „Du brauchst doch gar keine komplizierte Rechnung anzustellen, Pepperoni! Das Problem ist ja ganz einfach. Die Schildkröten treffen sich nach genau 5 Minuten!"

Welches aha!-Erlebnis hatte Frau Pizza?

Betrachten Sie zwei benachbarte Schildkröten, sagen wir August und Berta. In jedem Augenblick bewegt sich Berta im rechten Winkel zu August, der sich ihr nähert, weil August immer direkt auf sie zukriecht, während sie direkt auf Charles zusteuert. Deshalb befinden sich die Schildkröten immer an den Ecken eines Quadrats. Da Berta weder August näherkommt noch sich von ihm entfernt, kann ihre Bewegung ihre Entfernung von August weder vermehren noch verringern. Ihre Bewegung ist daher irrelevant. Es kommt also aufs gleiche hinaus, wenn Berta in ihrer Ecke bleibt und August auf sie zukriecht.

Das ist der Schlüssel zur Lösung des Problems. Augusts gekrümmter Weg hat also genau die gleiche Länge wie eine Seite des Zimmers. Die Seitenlänge des Zimmers beträgt aber 300 cm, und da August sich mit einer Geschwindigkeit von 1 Zentimeter pro

Sekunde bewegt, braucht er 300 Sekunden oder 5 Minuten, bis er Berta erreicht. Das gleiche gilt für die anderen Schildkröten. Nach fünf Minuten also treffen sich alle in der Mitte des Zimmers.

Mit Hilfe eines Taschenrechners ist es leicht, sich ein Diagramm mit den Wegen der Schildkröten anzufertigen. Wenn man die Lage des sich drehenden Quadrats für verschiedene Zeiten einträgt, erhält man ein überraschendes Muster (Bild 10).

Können Sie die Aufgabe auf die Ecken aller regulären Polygone verallgemeinern? Probieren Sie als erstes das gleichseitige Dreieck, dann ein Fünfeck. Können Sie eine allgemeine Formel finden, mit der man die Länge der Verfolgungsstrecken ausrechnen kann, wenn die Länge der Polygonseiten bekannt ist? Was passiert im Grenzfall, bei einer unendlichen Anzahl von einander verfolgenden Schildkröten (Punkten), die sich am Anfang in den Eckpunkten eines Polygons mit unendlich vielen Seiten befinden? Werden sie sich jemals erreichen? Was passiert, wenn die Ausgangspolygone nicht regulär sind, wenn sich zum Beispiel die Schildkröten anfangs in den Eckpunkten eines Rechtecks befinden?

Nehmen wir an, daß die Schildkröten, nachdem sie sich in der Mitte des quadratischen Zimmers getroffen haben, feststellen, daß sie sich nicht mögen und wieder nach außen kriechen, jede auf direktem Wege weg von der Schildkröte zu ihrer Linken. Werden sie notwendigerweise wieder in den vier Ecken des Zimmers ankommen?

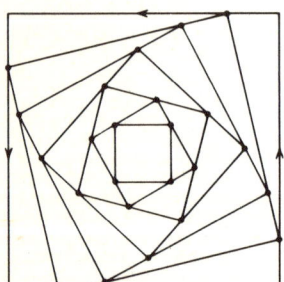

Bild 10

Riesenkleins Streichhölzer

Marlies führt Professor Riesenklein ein Streichholzspiel vor.
Marlies: „Legen Sie genau zwei Streichhölzer um und erzeugen Sie vier gleichgroße Quadrate. Sie dürfen aber die Streichhölzer weder zerbrechen noch übereinanderlegen."

Prof. Riesenklein: „Das hat doch schon 'nen Bart, Marlies. Man muß nur diese beiden Streichhölzer umlegen."

Jetzt nahm Prof. Riesenklein 4 Streichhölzer weg und ließ 12 auf dem Tisch zurück.
Prof. Riesenklein: „Gut, Marlies, mach aus diesen 12 Streichhölzern 6 Einheitsquadrate." Marlies mußte aufgeben. Können Sie ihr helfen?

Streichholzspiele

Beim Streichholzrätsel ist es Marlies entgangen, daß Prof. Riesenklein ja nicht verlangt hat, daß die Streichhölzer in einer Ebene liegen müssen. Durch Hinzuziehung der dritten Dimension bilden die 12 Streichhölzer die Kanten eines Würfels, der natürlich 6 quadratische Flächen hat. Die Idee, welche zur Lösung führt, ähnelt derjenigen, die Emmi hatte, als sie den Käse zerteilte.

Besser bekannt ist folgende Version desselben Problems: Man bilde vier kongruente gleichseitige Dreiecke mit sechs Streichhölzern. Die Lösung besteht darin, das Skelett eines regulären Tetraeders zu bilden.

Hier nun sechs weitere knifflige Streichholzaufgaben, zu deren Lösung ein aha!-Erlebnis gehört.

1. Legen Sie möglichst wenige Streichhölzer um und bilden Sie ein Quadrat.

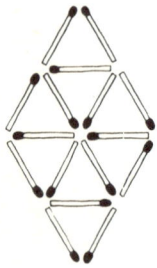

2. Entfernen Sie möglichst wenige Streichhölzer, so daß vier gleichseitige Dreiecke übrigbleiben, die alle so groß wie die acht gezeigten sind. Jedes Streichholz, das liegen bleibt, muß zu einem der vier Dreiecke gehören.

3. Legen Sie möglichst wenige Streichhölzer um, so daß der Fisch in die entgegengesetzte Richtung schwimmt.

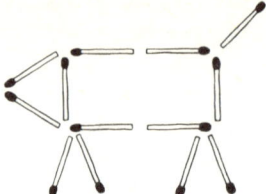

4. Legen Sie möglichst wenige Streichhölzer um, so daß das Schwein in die andere Richtung blickt.

5. Bewegen Sie möglichst wenige Streichhölzer, um die Kirsche aus dem Cocktailglas zu entfernen. Das Glas darf hinterher beliebig orientiert sein, aber die Kirsche darf man natürlich nicht einfach herausnehmen.

6. Bewegen Sie möglichst wenige Streichhölzer, um die Olive aus dem Martiniglas zu entfernen. Auch hier darf das Glas hinterher beliebig orientiert sein, aber die Olive darf natürlich nicht bewegt werden.

Wir wollen Ihnen den Spaß an diesen Aufgaben nicht verderben, indem wir die Lösungen erklären, und teilen deshalb hier nur die jeweils richtige minimale Anzahl mit

1. Eins
2. Vier
3. Drei
4. Zwei
5. Zwei
6. Keines

Teuflische Teilung

Georg ist Landvermesser von Beruf. Er hat sich darauf spezialisiert, seltsam geformte Grundstücke in kongruente Teile zu zerlegen.

Eines Tages sollte er dieses Grundstück in vier gleiche Teile teilen. Was glauben Sie, wie er das gemacht hat?

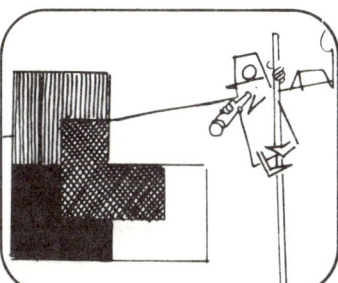

Das ist die einzige Möglichkeit!

Als nächstes sollte Georg dieses Grundstück in vier kongruente Teile zerlegen. Das war gar nicht so einfach.

Er überlegte lange. Aber schließlich fand er doch die Lösung.

Quadratische Grundstücke in vier gleiche Teile zu zerlegen war für Georg natürlich kein Problem. Aber als er gebeten wurde, ein Quadrat in fünf kongruente Teile zu zerlegen, geriet er in Schwierigkeiten.

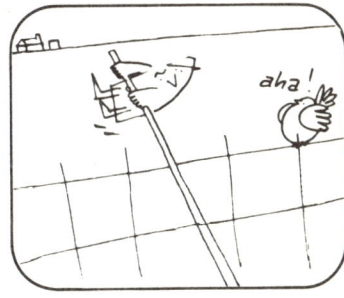

Georg: „Ich verstehe das nicht. Es muß doch eine Möglichkeit geben. Hmm — aha! Jetzt sehe ich, wie's geht." Können Sie sich denken, was Georg eingefallen war?

Georg: „Das ist ja lächerlich einfach. Mit der gleichen Methode könnte man ein Quadrat in jede beliebige Zahl kongruenter Teile zerlegen."

Zerlegungstheorie

Georgs drei Probleme gehören zu einer ganzen Serie ähnlicher Aufgaben, die Sie mit großem Erfolg Ihren Freunden stellen können. Die ersten zwei Aufgaben werden durch ungewöhnliche Formen gelöst. Das verführt dazu, auch für das Quadrat, das sich ja nicht in fünf Quadrate zerlegen läßt, nach komplizierten Figuren zu suchen. Es ist höchst überraschend, wie wenige Leute auf die selbstverständliche Lösung kommen. Diese Lösung liefert übrigens die *einzige* Möglichkeit, ein Quadrat in fünf kongruente Teile zu zerlegen.

Nachdem Sie einen Freund mit diesem Problem hereingelegt haben, können Sie ihn wahrscheinlich noch einmal mit einem weiteren, verwandten Problem düpieren. Zeigen Sie ihm zunächst, wie man die Figur aus Bild 11 in vier kongruente Teile zerlegen kann. Kann man die Figur auch in *drei* kongruente Teile zerlegen?

Ihr Freund wird wahrscheinlich bald aufgeben mit der Bemerkung, das sei viel zu schwer. Er wird sich dann vor den Kopf schlagen, wenn Sie ihm zeigen, wie leicht dieses Problem nach genau der gleichen Methode gelöst werden kann, die bei der Zerlegung des Quadrats in fünf Teile zum Ziel führte. Die Lösung ist in Bild 12 dargestellt. Offenbar kann man mit dieser Technik die Figur aus Bild 11 in beliebig viele kongruente Teile zerlegen.

Derartige Rätsel, wie auch jene, die mit unserem Käseteilungsproblem zusammenhingen, gehören zu einem bunten Zweig der Unterhaltungsmathematik, den man manchmal Zerlegungstheorie nennt. Solche Rätsel liefern oft wertvolle Einsichten zur Lösung vieler praktischer Probleme aus der ebenen und räumlichen Geometrie. Georgs erste zwei Probleme sind besonders interessant, denn jedes der Felder wird in Stücke unterteilt, die dieselbe Form wie das Ausgangsstück haben. Jede Form, die man so zerlegen kann, nennt man *Rep-tile* (engl.: „rep" von „repetition" = Wiederholung, „tile" = Fliese, Kachel.

Bild 13 zeigt mehrere andere Rep-tiles. Können Sie jede der Figuren in kongruente Stücke zerlegen, die genauso aussehen wie die Ausgangsform? Klar ist, daß man mit einem unendlichen Vorrat von solchen Rep-tiles die ganze Ebene so überdecken kann, daß das entstehende Muster nicht periodisch ist. Betrach-ten Sie zum Beispiel das „L"-förmige Rep-tile in Georgs erster Aufgabe. Mit vier solchen Stücken kann man ein großes „L" legen, und vier große „L" führen zu einem noch größeren „L". Dieser Prozeß kann bis ins Unendliche wiederholt werden, bis schließlich die ganze unendliche Ebene bedeckt ist. Beachten Sie auch, daß man den umgekehrten Prozeß *ad infinitum* durchführen und das „L" in immer kleinere „L" zerlegen kann.

Viel ist über Rep-tiles nicht bekannt. Mit allen bekannten Rep-tiles kann man die Ebene auch periodisch auslegen. Das heißt, es gibt ein grundlegendes Gebiet in dem Muster, so daß man die ganze Ebene bedecken kann, indem man dieses Gebiet nur verschiebt, ohne es zu drehen oder zu spiegeln. Gibt es ein Rep-tile, mit dem man die Ebene nicht periodisch auslegen kann? Dies ist ein noch ungelöstes Problem der Parkettierungstheorie.

Noch weniger weiß man über räumliche Rep-tiles. Der Würfel ist natürlich ein solches Gebilde, denn aus acht Würfeln kann man einen größeren Würfel herstellen, genau wie man aus vier Quadraten ein größeres Quadrat erhält. Können Sie ein anderes Beispiel für ein räumliches Rep-tile finden?

Wenn man nicht verlangt, daß die kongruenten Teile ähnlich zur Ausgangsfigur sind, kann man sich noch viele andere ungewöhnliche Rätsel ausdenken. Bild 14 zum Beispiel zeigt ein „T", das sich in fünf Einheitsquadrate zerlegen läßt. Man kann es nicht in vier kleinere „T"'s zerlegen. Können Sie es aber in vier kongruente Teile einer anderen Form zerlegen?

Sogar die Aufgabe, eine ebene Figur in nur *zwei* kongruente Teile zu zerlegen, kann sehr schwer sein. Bild 15 zeigt einige Beispiele, die Ihnen Spaß machen werden. Die Lösungen finden Sie im Anhang.

Ein anderer Zweig der Zerlegungstheorie handelt von der Aufgabe, ein gegebenes Polygon in möglichst wenige Teile zu zerlegen, so daß sich aus diesen Teilen ein anderes, im voraus gegebenes Polygon zusammensetzen läßt. Zum Beispiel: In wieviele Teile muß man ein Quadrat zerlegen, so daß sich aus den Stücken ein gleichseitiges Dreieck legen läßt? (Antwort: in vier). Dieses Gebiet wird hervorragend dargestellt in dem Buch „Recreational Problems in Geometric Dissection & How to Solve Them" von Harry Lindgren.

57

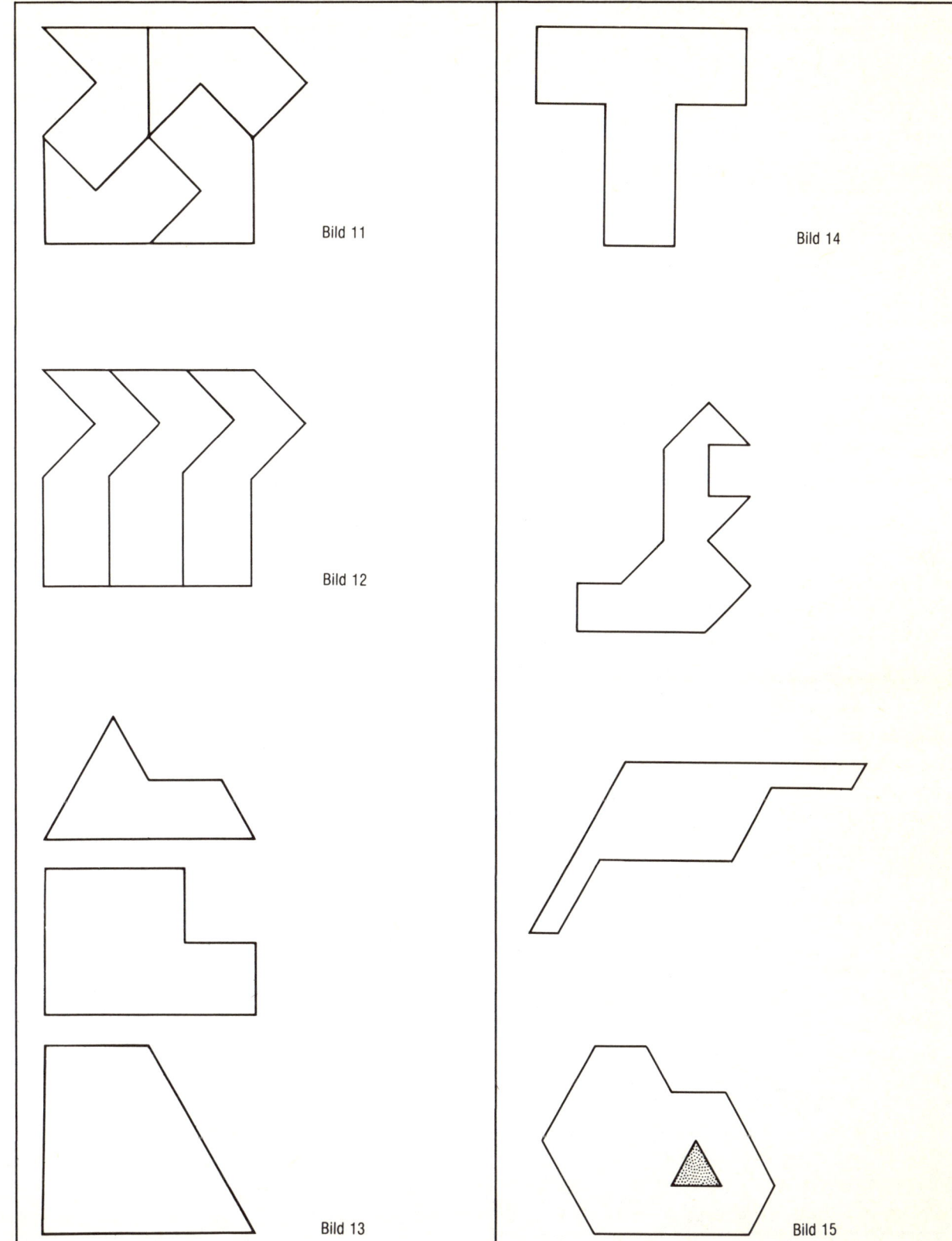

Bild 11

Bild 12

Bild 13

Bild 14

Bild 15

(Fortsetzung
Bild 15)

Fräulein Euklids Würfel

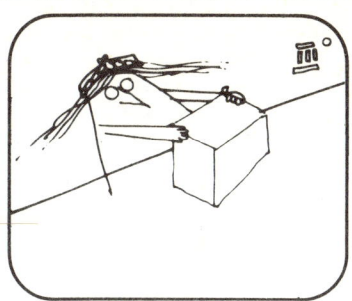

Fräulein Euklid legte einen großen Holzwürfel auf ihr Pult.
Fräulein Euklid: „Heute habe ich eine sehr praktische Aufgabe für euch. Drei Fragen zu diesem Würfel:

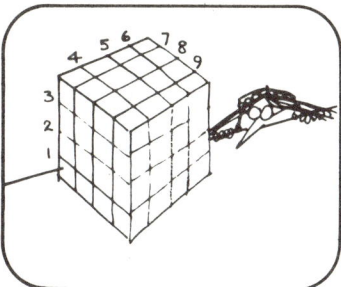

Mit einer Kreissäge könnten wir in neun geraden Schnitten diesen Würfel in 64 Einheitswürfel zerlegen.

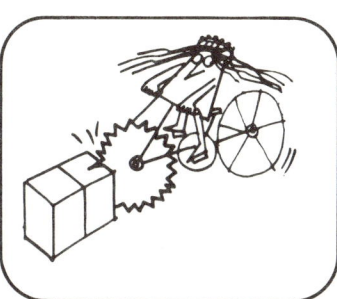

Wenn wir die Teile nach jedem Schnitt neu anordnen dürfen, kommen wir sogar mit sechs Schnitten aus. Eure erste Aufgabe besteht darin, zu beweisen, daß man nicht mit weniger als sechs Schnitten auskommt."

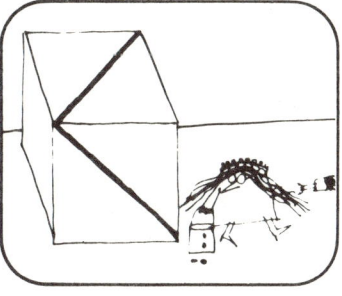

Während die Schüler an der ersten Aufgabe arbeiten, zeichnet Fräulein Euklid auf zwei Würfelflächen die Diagonalen so ein, daß sie sich in einer Würfelecke treffen. **Fräulein Euklid:** „Eure nächste Aufgabe besteht darin, den Winkel zwischen den beiden Diagonalen zu bestimmen."

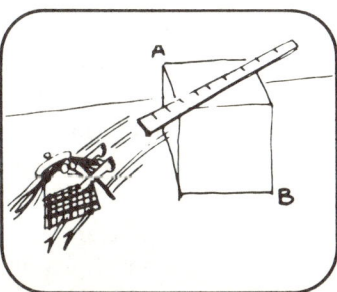

Jetzt legte Fräulein Euklid ein Lineal auf die obere Würfelseite. **Fräulein Euklid:** „Was ist die einfachste Methode, um mit Hilfe dieses Lineals die Länge der Raumdiagonalen von A nach B zu bestimmen?" Wie haben Sie bei diesem Test abgeschnitten? Ich habe zwei der drei Fragen herausbekommen.

Fräulein Euklids Würfel

Zur Lösung der 1. Aufgabe: Um zu beweisen, daß man einen $4 \times 4 \times 4$-Würfel nicht mit weniger als sechs ebenen Schnitten in 64 Einheitswürfel (Würfel der Seitenlänge 1) zerschneiden kann (wobei die Teile nach jedem Schnitt neu angeordnet werden dürfen), betrachten Sie irgendeinen der acht inneren Würfel. Keiner dieser Würfel hat eine Fläche auf der Außenseite des großen Würfels. Jede seiner sechs Flächen muß also durch einen ebenen Schnitt erzeugt werden. Da jeder Schnitt aber nur eine Fläche erzeugen kann, benötigt man also sechs Schnitte für die sechs Seitenflächen.

Gibt es eine systematische, allgemeine Methode, um jedes rechtwinklige Parallelepiped (Quader) mit ganzzahligen Kantenlängen mit möglichst wenigen, ebenen Schnitten in Einheitswürfel zu zerlegen? Wieder dürfen die Teile nach jedem Schnitt neu angeordnet werden.

Eine solche Methode gibt es in der Tat. Bestimmen Sie entlang jeder der drei Kanten, die sich in einer Ecke treffen, die minimale Zahl der Schnitte, die nötig ist, um den Quader entlang dieser Kante in Scheiben der Einheitsbreite zu zerschneiden. Diese minimale Anzahl erhalten Sie, wenn Sie die Kante nach Möglichkeit halbieren, die erhaltenen Teile dann aufeinanderlegen und den Vorgang solange wiederholen, bis schließlich nur noch Scheiben der Einheitsbreite übrigbleiben. Die Summe der drei Minima, eines für jede der drei Kanten, ist die gesuchte Antwort.

Um zum Beispiel einen $3 \times 4 \times 5$-Quader in Einheitswürfel zu zerlegen, benötigt man 7 ebene Schnitte: 2 für die Kante der Länge 3, 2 für die Kante der Länge 4 und 3 für die Kante der Länge 5. Ein Beweis für diesen Algorithmus wurde zuerst 1952 im „Mathematics Magazine" veröffentlicht.

Zur Lösung der 2. Aufgabe: Hier braucht man nur darauf zu kommen, daß man eine dritte Diagonale auf einer anderen Würfelfläche ziehen kann, die die freien Enden der bereits gezogenen Diagonalen verbindet (Bild 16). So entsteht ein gleichseitiges Dreieck, und der Winkel zwischen zwei Seiten eines solchen Dreiecks beträgt natürlich 60 Grad. Wir haben also bewiesen, daß der gesuchte Winkel 60 Grad beträgt.

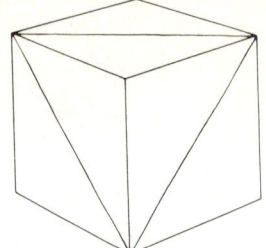

Bild 16

Es gibt eine elegante Erweiterung dieser Aufgabe. Nehmen wir an, Fräulein Euklid hat zwei Geraden auf der Würfeloberfläche gezogen, welche die drei Mittelpunkte von drei Kanten miteinander verbinden (Bild 17). Welchen Winkel in der Ebene schließen diese zwei Geraden ein?

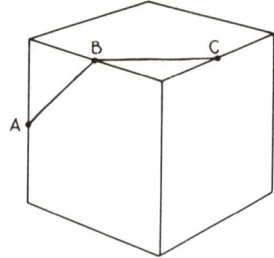

Bild 17

Man erhält die Lösung genauso wie eben. Zuerst setzt man die Geraden um den Würfel herum fort, indem man die Kantenmittelpunkte der anderen vier Seiten miteinander verbindet, so daß ein geschlossener Weg entsteht. Die einzelnen Geradenstücke dieses Weges haben natürlich alle die gleiche Länge, und benachbarte Geradenstücke schließen Winkel gleicher Größe ein. Die sechs Geradenstücke umschließen also ein reguläres Hexagon, falls wir noch zeigen können, daß alle Ecken in einer Ebene liegen. Dazu wird man vielleicht ein bißchen Deduktion oder analytische Geometrie zu Hilfe nehmen müssen, aber Sie können sich auch so davon überzeugen, indem Sie einen Holzwürfel in zwei kongruente Teile zersägen und dabei die Schnittebene durch die sechs Kantenmittelpunkte legen.

Die Tatsache, daß man einen Würfel derart halbieren kann, daß die Schnittfläche ein reguläres Hexagon darstellt, ist durchaus überraschend und läuft der Intuition beinahe zuwider. Da wir nun wissen, daß die beiden Ausgangslinien zwei Seiten eines regulären Hexagons bilden, ist es klar, daß sie einen Winkel von 120 Grad einschließen.

Bild 17 führt zu einem anderen interessanten Problem: Nehmen wir an, eine Fliege möchte auf der Würfeloberfläche von A nach C kriechen. Ist dann der Weg ABC entlang der eingezeichneten Linien der kürzest mögliche?

Die Idee, die hier zum Ziel führt, besteht darin, den Würfel „aufzuklappen", so daß nebeneinander liegende Flächen in einer Ebene liegen, und dann A und C durch eine gerade Linie in dieser Ebene zu verbinden. An dieser Stelle aber müssen wir aufpassen, denn es gibt zwei Möglichkeiten des Aufklappens: Man kann die vordere und obere Fläche in eine Ebene bringen, oder aber die vordere und die rechte Fläche. Die erste Möglichkeit ergibt einen Weg der Länge $\sqrt{2}$, die zweite einen Weg der Länge $\sqrt{2,5}$. Das beweist, daß in Bild 17 tatsächlich der kürzeste Weg auf der Würfeloberfläche von A nach C eingezeichnet ist.

Zur Lösung der 3. Aufgabe: Natürlich könnte man mit dem Lineal eine Würfelseite messen und dann zweimal den Satz von Pythagoras anwenden, um die Länge der Raumdiagonalen herauszubekommen. Eine viel einfachere Möglichkeit besteht aber darin, den Würfel auf einen rechteckigen Tisch zu legen, so daß seine untere Fläche mit einer Tischecke bündig abschließt. Dann markiert man die Länge einer Würfelseite an einer Tischkante und verschiebt den Würfel so entlang der Tischkante, daß die Würfelecke, welche vorher auf der Tischecke lag, im markierten Punkt zu liegen kommt (Bild 18). Die Entfernung von A nach B ist dann offenbar so groß wie die gesuchte Länge der Raumdiagonalen des Würfels und sie kann direkt mit dem Lineal gemessen werden.

Wie würden Sie den Radius einer größeren Kugel messen, wenn Sie nur ein Lineal zur Hand hätten, das etwa 2/3 des Kugeldurchmessers lang ist? Eine einfache Methode besteht darin, ein bißchen Lippenstift oder Ruß auf einen kleinen Teil der Kugeloberfläche zu schmieren und sie dann gegen die Wand zu rollen, so daß eine Markierung an der Berührungsstelle zurückbleibt. Die Höhe dieses Flecks kann leicht mit dem Lineal bestimmt werden und ist der gesuchte Radius. Können Sie sich eine ähnlich geniale Methode vorstellen, um die Höhen von Kegeln oder Pyramiden zu messen? Wie können Sie den Radius eines Rohrs mit Hilfe eines Tischlerwinkels messen?

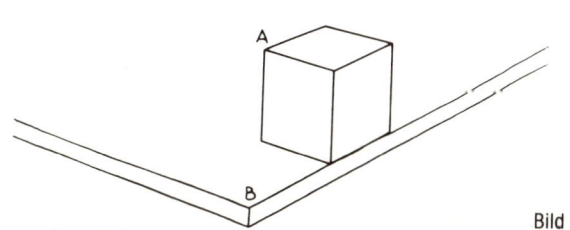

Bild 18

Der Teppichwirbel

Die Teppichweberei Vorberg wurde beauftragt, einen Teppich zu liefern, mit dem die ringförmige Halle eines neuen Flughafengebäudes ausgelegt werden sollte.

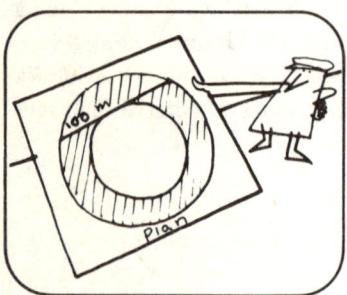

Als Herr Vorberg die Pläne studierte, wurde er böse. Das einzige angegebene Maß war die Länge der Sehne, die den inneren Kreis tangential berührte.

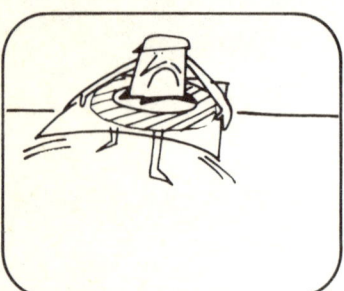

Herr Vorberg: „Zum Teufel, wie kann ich denn einen Kostenvoranschlag erstellen, ohne die Fläche des blauen Rings zwischen den beiden Kreisen zu kennen! Ich werde mal meinen Chef-Designer, Herrn Scharf, fragen."

Herr Scharf, ein ausgezeichneter Mathematiker, war nicht aus der Ruhe zu bringen.
Herr Scharf: „Die Länge dieser Sehne ist das einzige Maß, um das ich gebeten hatte, Herr Vorberg. Ich stecke diese Länge in eine Formel und erhalte dann die Fläche des Rings."

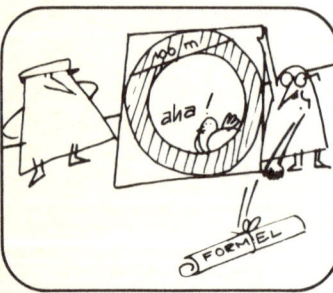

Herr Vorberg sah eine Minute lang erstaunt drein, aber dann lächelte er.
Herr Vorberg: „Vielen Dank, Herr Scharf. Nun brauche ich weder Sie noch Ihre Formel; auch die Flächen der beiden Kreise brauche ich nicht. Ich kann ihnen das Ergebnis sofort sagen." Was glauben Sie, wie hat Herr Vorberg geschlossen?

Ein erstaunlicher Satz

Herr Vorberg schloß folgendermaßen: Ich weiß, daß Herr Scharf ausgezeichnete Geometriekenntnisse besitzt. Es muß also wirklich eine Formel geben, aus der sich die Fläche des Rings ausrechnen läßt, wenn nur die Länge einer Sehne gegeben ist, die den inneren Kreis berührt. Anders ausgedrückt, die Radien der beiden Kreise können beliebig sein, wenn nur die Länge der Sehne 100 Meter beträgt.

Herr Vorberg fragte sich dann, was passiert, wenn man den Radius des inneren Kreises auf Null schrumpfen läßt. In diesem Fall wird aus dem Kreisring ein Kreis mit dem Durchmesser 100 Meter. Die Fläche dieses Kreises beträgt Pi mal 50^2, also ungefähr 7854 qm. Wenn es also eine Formel gibt, so ist dies auch die Fläche des Kreisrings.

Ganz allgemein ist die Fläche eines Kreisrings gleich der Fläche eines Kreises, dessen Durchmesser so lang wie die längste Linie ist, die sich innerhalb des Kreisrings ziehen läßt. Dieser erstaunliche Satz läßt sich leicht beweisen, wenn man die Formel für den Flächeninhalt eines Kreises verwendet.

Ein 3dimensionales Analogon zu diesem Problem besteht in der Aufgabe, das von dem Mantel eines dicken Rohres eingenommene Volumen zu bestimmen, wenn nur die Länge der längsten Linie gegeben ist, die sich auf einem Rohrende ziehen läßt (Bild 19). Diese Linie entspricht der Sehne aus dem letzten Problem, und wir können deshalb leicht die Fläche des am Ende des Rohres sichtbaren Rings berechnen. Diese Fläche multipliziert mit der Länge des Rohres ergibt dann das gesuchte Volumen.

Bei dem folgenden wunderschönen Problem ist die Analogie nicht so offensichtlich: Durch den Mittelpunkt einer Vollkugel wird ein zylindrisches, 6 Zentimeter langes Loch gebohrt. Wie groß ist das Restvolumen? Wieder scheint es unmöglich, das Volumen ohne weitere Angaben berechnen zu können. Aber auch ohne höhere Mathematik zu verwenden, kann man zeigen, daß das Volumen des Restkörpers gleich dem Volumen einer Kugel mit dem Durchmesser der Länge des Loches ist.

Wie vorher kann man diese Antwort sofort erhalten, wenn man annimmt, daß die Aufgabe überhaupt lösbar ist. Wenn es eine Lösung gibt, dann kann das Volumen des Restkörpers nicht vom Durchmesser des Loches abhängen. Wir lassen also den Durchmesser des Loches auf Null schrumpfen. Das Loch entartet dann zu einer geraden Linie, dem Durchmesser einer Kugel. Die Antwort zu unserem Problem lautet also: $(4/3) \cdot \pi \cdot 3^3 = 36 \pi$ Kubikzentimeter.

Bild 19

Die seltsame Teilung

Herr Dreispitz, seine Frau, ihre siebenjährige Tochter Laura und deren älterer Bruder hatten gerade zu Mittag gegessen.

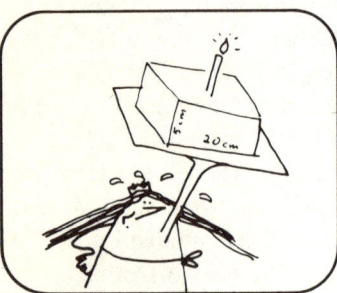

Laura hatte Geburtstag, und Frau Dreispitz hatte einen kleinen, quadratischen Kuchen gebacken. Er war 20 mal 20 Zentimeter groß und 5 Zentimeter hoch. Eine dicke Schicht Zuckerguß bedeckte ihn oben und an den vier Seiten.

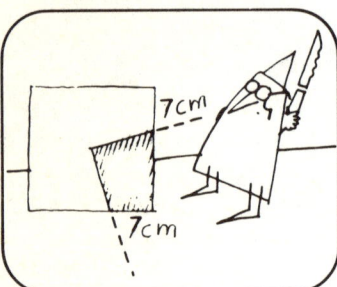

Herr Dreispitz: „Was für ein herrlicher Kuchen, meine Liebe. Gerade genug für uns vier. Ich schneide zuerst das Stück für Laura, und weil sie heute sieben Jahre alt geworden ist, fange ich jeden Schnitt sieben Zentimeter von einer Ecke aus an, und schneide bis zur Mitte.

Das Stück bekam eine seltsame Form und es dauerte nicht lange, bis Laura sich beklagte.
Laura: „Papi, du hast mir nicht genug gegeben. Das ist kein Viertel des Kuchens und selbst wenn, habe ich jedenfalls nicht genug Zuckerguß bekommen."

Ihr Bruder war anderer Meinung: „Du bist aber auch zu verfressen, Laura. Ich glaube eher, Vater hat dir zuviel gegeben, und du solltest etwas zurücklegen."

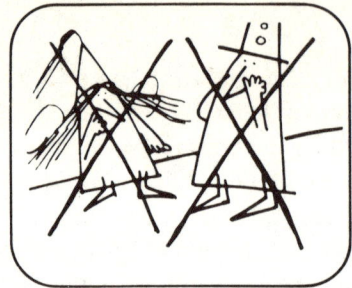

Herr Dreispitz: „Ihr habt beide unrecht. Das Stück hat genau ein Viertel des Kuchenvolumens und es besitzt auch genau ein Viertel vom Zuckerguß." Können Sie erklären, woher Herr Dreispitz das so genau wußte?

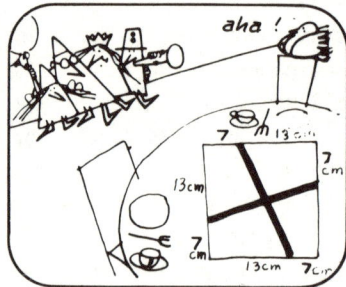

Verlängern Sie die Schnitte über die Mitte hinaus bis zum Rand. Nun ist doch klar, warum die beiden Schnitte den Kuchen in vier kongruente Teile zerlegen, oder nicht?

Kuchenteilen

Das Kuchenteilungsproblem läßt sich leicht auf alle anderen regulären Polygone verallgemeinern. Nehmen wir zum Beispiel an, der Kuchen hat die Form eines gleichseitigen Dreiecks, und man macht vom Mittelpunkt aus zwei Schnitte mit einem Winkel von 360/3 = 120 Grad (Bild 20). Das Stück ist offenbar ein Drittel des Kuchens, wie man leicht sieht, wenn man noch die gestrichelte Linie einzeichnet. Wenn der Kuchen die Form eines regulären Fünfecks besitzt, dann erhält man durch zwei Schnitte unter einem Winkel von 360/5 = 72 Grad ein Fünftel des Kuchens. Ebenso erhält man bei einem regelmäßigen Sechseck durch zwei Schnitte unter 360/6 = 60 Grad ein Sechstel des Kuchens. Diese Prozedur läßt sich auf alle höheren Polygone verallgemeinern. Der Winkel ist dann allerdings nicht immer ganzzahlig, wie in den bisherigen Beispielen.

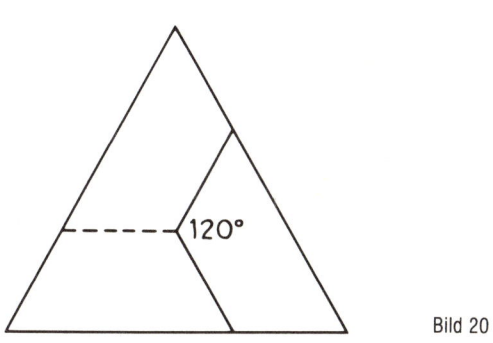

Bild 20

Die in Bild 21 dargestellte Zerlegung eines Quadrats in vier kongruente Teile ist schon seit Jahrzehnten eine beliebte Teilungsaufgabe. Wenn Sie beispielsweise die vier Einzelteile aus Pappe aus

Bild 21

schneiden und Ihren Freunden vorlegen, so werden diese sicher einige Probleme bei dem Versuch haben, daraus ein Quadrat zu legen. Nachdem sie es herausbekommen haben, stellen Sie die Aufgabe, aus denselben vier Teilen *zwei* Quadrate herzustellen.

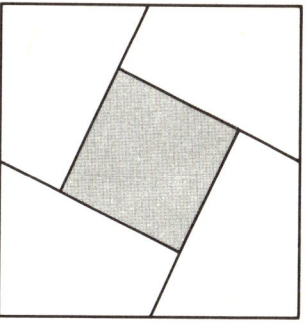

Bild 22

Die Lösung dieser Aufgabe verwendet einen kleinen Schwindel, denn sie gelingt nur, wenn man auf das aha! kommt, daß das zweite Quadrat ein Loch in der Mitte eines anderen ist (Bild 22). Die Größe des Loches hängt von dem Winkel ab, unter dem jeder Schnitt die Seite des ursprünglichen Quadrats trifft. Wenn der Winkel 90 Grad beträgt, entsteht gar kein Loch. Bei einem Winkel von 45 Grad erreicht das Loch seine maximale Größe.

Kapitel 3

Zahlen
aha!

Die Arithmetik läßt sich auf viele Weisen definieren. Wir wollen uns hier darauf beschränken, unter Arithmetik das Studium der ganzen Zahlen und der elementaren Operationen Addition, Subtraktion, Multiplikation und Division mit diesen Zahlen zu verstehen.

Irgendwann einmal in der Frühzeit der Menschheitsentwicklung (kein Anthropologe weiß zu sagen, wann), haben die Menschen herausgefunden, daß sich die Dinge zählen lassen und daß es egal ist, in welcher Reihenfolge gezählt wird. Wenn Sie zwei Schafe an ihren Fingern abzählen, macht es keinen Unterschied, mit welchem Schaf Sie anfangen oder ob Sie die Zählung mit dem Daumen oder dem kleinen Finger beginnen. Sie erhalten immer 2. Und wenn Sie zwei Schafe zählen und dann noch eines, erhalten Sie immer 3.

Das Bewußtsein um die Gültigkeit solcher arithmetischen Sätze wie $2 + 1 = 3$ muß sich im Laufe vieler Jahrhunderte gebildet haben. Wenn wir die Vergangenheit als Film vor uns ablaufen lassen könnten, würden wir sicher kein Jahrhundert nennen können, von dem sich sagen ließe: „Hier haben die Menschen die Arithmetik entdeckt." Genausowenig könnte ein Kind sagen, wann ihm der Sinn der Zahlen zum erstenmal bewußt geworden ist. Mag sein, daß ein Kind irgendwann zum ersten Mal sagt „eins und eins ist zwei", aber das Kind war sich des Inhalts dieses Satzes längst bewußt, bevor es ihn ausgesprochen hat.

Alle wahren Sätze der Arithmetik lassen sich aus den Axiomen und Definitionen des Zahlensystems ableiten, aber das heißt noch nicht, daß wir die Richtigkeit oder Falschheit eines arithmetischen Satzes schon allein durch das Anhören erkennen können. Wenn jemand behauptet, daß 12 345 679 mal 9 gleich 111 111 111 ist, dann glauben Sie das vielleicht erst, wenn Sie es durch Ausführen der Multiplikation bewiesen haben. Andererseits gibt es in der Arithmetik einfach zu formulierende Sätze, die jedoch so tiefgründig sind, daß bis heute niemand weiß, ob sie stimmen oder nicht. Goldbachs Vermutung ist ein berühmtes Beispiel: Läßt sich jede gerade Zahl größer als 2 als Summe von zwei Primzahlen schreiben? Bisher hat niemand beweisen können, daß die Antwort „Ja" heißt, es gibt aber auch kein Gegenbeispiel.

Im folgenden Kapitel betrachten wir eine Reihe einfacher Aufgaben mit natürlichen Zahlen. Alle besitzen einfache Lösungen, wenn man sie richtig angeht. Wir haben versucht, solche Probleme auszuwählen, die trotz ihrer Einfachheit wichtige Begriffe und Methoden vorführen, die zu den tieferen Bereichen dessen überleiten, was früher „höhere Arithmetik" genannt wurde und heute „Zahlentheorie" heißt. „Plattensalat" zum Beispiel führt in die Theorie der diophantischen Analyse ein: Gesucht sind ganzzahlige Lösungen für gewisse Gleichungen. Bei „Einer zu viel" stoßen wir auf den immer wieder wichtigen Begriff des kleinsten gemeinsamen Teilers. Das Problem führt zu einem Zaubertrick, der auf dem wichtigen „chinesischen Restsatz" beruht.

Binäres Suchen, wesentlich für die Computerwissenschaft und die Theorie der Sortieralgorithmen, unterliegt der Methode, mit der sich Gabys Telefonnummer erraten läßt, und führt das binäre Zahlensystem ein. Das für viele wichtige Beweise in der Zahlentheorie grundlegende „Schubfach-Prinzip", wird zum Beweis zweier amüsanter Ergebnisse herangezogen: Eines über Pfundnoten und eines über die Anzahl der Haare auf dem Kopf. Die Tatsache, daß gewisse Zahlen „relativ prim" sind (d. h. keine gemeinsamen Teiler außer 1 haben) liefert einen erstaunlich schnellen Beweis für die Tatsache, daß Stunden- Minuten- und Sekundenzeiger einer Uhr sich nur um 12 Uhr genau decken — eine sonst meist durch mühsame Algebra bewiesene Tatsache.

Ein Problem über das Zählen von Flaschen läßt sich mit Hilfe von Kongruenzrechnung einfach lösen. In diesem Zusammenhang kommen wir auf das „Problem des Josephus", ein klassisches Zahlenproblem, das sich auf faszinierende Weise mit einem Spiel Karten modellieren läßt.

Für Mathematiker sind die Rätsel in diesem Kapitel zwar trivial, aber sie eröffnen Entdeckungspfade in Bereiche der Zahlentheorie, die alles andere als trivial sind. Und Sie werden sicher beeindruckt sein von der Eleganz und dem Reichtum dieses ältesten aller deduktiven Systeme, dem System, mit dessen Hilfe wir die Zeichen für unsere Zahlen handhaben.

Plattensalat

Klaus und Gaby sind begeisterte Rätselrater. Ihre Lieblingsbeschäftigung besteht darin, sich gegenseitig Rätsel aufzugeben.

Klaus fragte sich, welchen Sinn wohl eine halbe Schallplatte haben könnte.

Als sie an einem Schallplattengeschäft vorbeikommen, fragt **Klaus:** „Hast du noch deine Country-Western-Platten?"

Plötzlich aber ging ihm ein Licht auf, und er sah, daß Gaby keine einzige Platte wirklich zerbrochen hatte. Er beantwortete ihre Frage und erhielt die letzte Platte. Welches aha! hatte Klaus erleuchtet?

Gaby: „Nein, die Hälfte der Platten und noch eine halbe dazu habe ich Barbara gegeben.

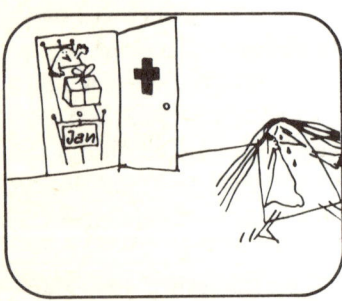

Dann habe ich die Hälfte vom Rest und eine halbe Platte an Jan verschenkt

Jetzt habe ich nur noch eine Platte. Wenn du mir sagen kannst, wieviele Platten ich am Anfang hatte, gebe ich Dir die letzte."

Halbe Ganze

Sind Sie in die Falle gegangen und haben gedacht, daß die Hälfte von irgend etwas plus ½ keine ganze Zahl sein kann? Wenn ja, dann haben Sie wohl versucht, das Problem mit Hilfe zerbrochener Platten zu lösen und sind völlig daneben geraten. Der Trick besteht in der Erkenntnis, daß die Hälfte einer ungeraden Anzahl von Schallplatten plus einer halben eine ganze Zahl ist.

Da nach Gabys letztem Geschenk nur noch eine Platte übrig war, mußte sie drei Platten gehabt haben, ehe sie welche an Jan verschenkte. Die Hälfte von 3 ist 1½ und 1½ + ½ = 2. Gaby hat also zuletzt 2 Platten verschenkt. Eine Platte blieb ihr noch. Sie können nun leicht rückrechnen und werden herausfinden, daß sie am Anfang 7 Platten besaß und 4 an Barbara verschenkt hat.

Das Problem läßt sich natürlich auch algebraisch lösen, und das Niederschreiben und Lösen der Gleichung ist eine hervorragende Übung in elementarer Algebra. Es ist doch überraschend, daß ein so einfaches Problemchen zu einer so komplizierten Gleichung führt:

$$x - \left(\frac{x}{2} + \frac{1}{2}\right) - \left[\frac{x - \left(\frac{x}{2} + \frac{1}{2}\right)}{2} + \frac{1}{2}\right] = 1$$

Durch Variation der Parameter erhält man leicht neue Aufgaben dieses Typs. Nehmen wir zum Beispiel an, Gaby führt den Vorgang, in jedem Schritt die Hälfte ihrer Platten plus einer halben wegzugeben, dreimal durch statt zweimal und hat am Ende überhaupt keine Platten mehr. Wieviele hatte sie dann am Anfang? Sie werden vielleicht überrascht sein herauszufinden, daß die Antwort wieder heißt: 7 Platten! Der dritte Schritt besteht im Verschenken der letzten Platte. Mit wievielen Platten hat sie angefangen, wenn sie den Halbierungsvorgang viermal durchführt und am Ende noch eine Platte hat? Und fünfmal? Welche Zahlenfolge wird so erzeugt?

Der verschenkte Bruchteil läßt sich auch variieren. Nehmen wir an, Gaby verschenkt bei jedem Schritt ein Drittel ihrer Platten plus einer Drittelplatte. Nach zwei Schritten hat sie noch drei Platten. Mit wievielen hat sie angefangen? Gibt es auch eine Lösung, wenn sie den Drittelungsvorgang dreimal durchführt und dann noch drei Platten übrig hat? Sie werden entdecken, daß sich bei Variierung der Parameter — der Anzahl der Schritte, des verschenkten Bruchteils und der Anzahl der übrigbleibenden Platten — das Problem nicht immer lösen läßt, ohne daß man Platten wirklich zerbricht. Unter welchen Beschränkungen kann man Aufgaben dieses Typs stellen, so daß keine Platte zerbrochen werden muß?

Man kann auch bei jedem Schritt einen anderen Bruch nehmen. Es folgt ein Rätsel, bei dem der Bruchteil variiert:

Ein Junge züchtet Goldfische als Hobby. Eines Tages beschließt er, alle Fische zu verkaufen. Er tut es in fünf Schritten:

1. Er verkauft die Hälfte seiner Fische und einen halben Fisch.
2. Er verkauft ein Drittel des Restes und einen Drittel-Fisch.
3. Er verkauft von dem, was ihm bleibt, ein Viertel und einen Viertelfisch.
4. Er verkauft ein Fünftel des Restes und einen Fünftelfisch.

Nun hat er noch 11 Goldfische übrig. Natürlich wird kein Fisch zerteilt oder irgendwie verletzt. Wieviele Fische hatte er am Anfang? Er hatte 59 Fische, aber das Problem ist nicht so einfach wie das letzte. Probieren Sie, ob Sie es herauskriegen können.

Nun noch eine andere Aufgabe ähnlicher Art:

Eine Dame hat eine Anzahl Markstücke in der Tasche und sonst kein Geld.

1. Die Hälfte des Geldes gibt sie für einen Hut aus und eine Mark spendet sie einem Bettler vor dem Laden.
2. Die Hälfte der verbleibenden Summe verbraucht sie für ihr Mittagessen im Restaurant und gibt noch 2 Mark Trinkgeld.
3. Die Hälfte von dem, was sie nun noch hat, gibt sie für ein Buch aus, und ehe sie endlich nach Hause geht, nimmt sie noch ein paar Drinks in einer Bar zu sich. Diese kosten drei Mark.

Nun hat sie nur noch eine Mark. Wieviele Markstücke hatte sie anfangs, wenn sie niemals Geld gewechselt hat?

Die Antwort finden Sie im Anhang.

Beachten Sie, daß uns bei allen diesen Varianten die Anzahl der Dinge, die schließlich übrigblieben, bekannt war. Auch ohne diese Information läßt sich so ein Problem oft lösen, aber dies kann das Lösen unbestimmter Gleichungen in ganzen Zahlen erfordern. Das berühmteste Problem dieser Art bildete die Grundlage für eine Kurzgeschichte des amerikanischen Schriftstellers Ben Ames Williams. Diese Geschichte erschien in der Zeitschrift „Saturday Evening Post" am 9. Oktober 1926.

Die Geschichte mit dem Titel „Kokosnüsse" erzählt von fünf Seeleuten und einem Affen, die sich als Schiffbrüchige auf einer Insel wiederfanden. Den ersten Tag sammelten sie Kokosnüsse. Nachts wachte einer der Seeleute auf und beschloß, sich seinen Anteil an den Kokosnüssen zu sichern. Er unterteilte sie in fünf gleich große Haufen. Eine Nuß blieb übrig, und er gab sie dem Affen. Dann versteckte er seinen Anteil und legte sich wieder schlafen.

Bald darauf wachte der zweite Seemann auf und tat dasselbe. Nachdem er die Nüsse in fünf Haufen unterteilt hatte, war eine Nuß übrig, und auch er gab sie dem Affen. Dann versteckte er seinen Anteil und legte sich wieder hin. Der dritte, vierte und fünfte Mann machten es genauso. Am nächsten Morgen, nachdem alle erwacht waren, teilten sie die übriggebliebenen Kokosnüsse in fünf gleiche Teile. Diesmal blieb keine Nuß übrig.

Wieviele Kokosnüsse hatten sie am Tag vorher gesammelt?

Das Problem hat unendlich viele Lösungen und die kleinste ist 3121. Sie ist nicht leicht zu finden.

Da wir gerade von Kokosnüssen reden, hier noch eine kurze Aufgabe, die Sie vielleicht für einen Moment ratlos macht. Wenn auf einer Lichtung im Dschungel ein Haufen von 25 Kokosnüssen liegt und ein Affe alle außer 7 stiehlt, wieviele Kokosnüsse liegen dann noch auf der Lichtung? Die Antwort ist *nicht* 18.

Das Monster von Loch Ness

Klaus: „Wenn das Monster von Loch Ness 20 Meter und seine halbe Länge lang ist, wie lang ist es dann?"

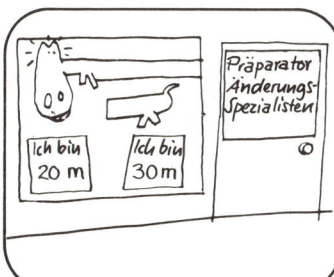

Gaby: „Mal sehen, 20 plus die Hälfte von 20 ist 30. Also ist es 30 Meter lang."

Klaus: „Aber Gaby, du enttäuschst mich! Du hast dir selbst widersprochen. Wie kann es gleichzeitig 20 und 30 Meter lang sein?"

Gaby: „Recht hast du! Der einzige Fall, in dem dieser Satz überhaupt einen Sinn hat, ist der, daß die Gesamtlänge des Monsters die Summe aus 20 Metern plus seiner halben Länge ist. Nun ist die Antwort leicht." Können Sie herausfinden, wie lang das Monster ist?

Die Hälfte einer Länge?

Klaus formuliert das Problem folgendermaßen: Die Länge des Monsters ist gleich der Summe von 20 Metern und der Hälfte der Länge des Monsters. Stellen Sie sich das Monster in zwei gleich lange Teile geteilt vor. Wenn die Länge des Monsters gleich der Summe aus der Länge des einen Teils und 20 Metern ist, dann muß 20 Meter die Länge der *anderen* Hälfte sein. Die Länge des Monsters beträgt also 40 Meter.

Die algebraische Gleichung ist einfach. Wenn x die Gesamtlänge ist, dann ist:

$$x = 20 + x/2$$

Nun, wo Sie gesehen haben, wie lächerlich einfach die Lösung ist, wie schnell können Sie folgende Variante lösen? Ein Ziegelstein auf einer Waagschale befindet sich mit ¾ eines Ziegelsteins und einem Gewicht von ¾ kg auf der anderen Waagschale im Gleichgewicht. Wie schwer ist der Ziegelstein?

Das Problem mit dem Monster von Loch Ness zeigt, wie wichtig es ist, *genau* zu verstehen, was eine Frage besagt, ehe man versucht, sie zu beantworten. Wenn Ihre erste Interpretation eines Problems zu einem Widerspruch führt, dann hat entweder das Problem keine Lösung, oder Sie haben das Problem nicht richtig verstanden.

Einer zu viel

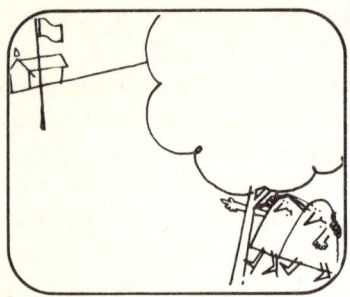

Als Gaby und Klaus durch den Park gingen, sahen sie die Feuerwehrkapelle, die für eine Parade übte.

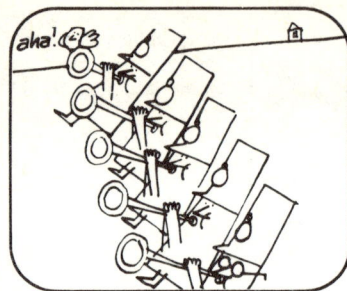

Gaby: „Ich möchte Ihnen trotzdem den Vorschlag machen, die Kapelle in Fünferreihen marschieren zu lassen." **Kapellmeister:** „Das wollte ich sowieso gerade tun, mein Fräulein." Als die Kapelle in Fünferreihen marschierte, waren alle Reihen voll und Jakob marschierte mittendrin. Wieviele Mitglieder hatte die Kapelle?

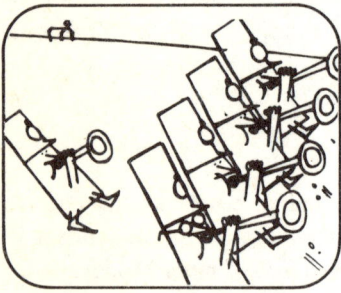

Die Kapelle marschierte in Viererreihen, aber in der letzten Reihe marschierte nur einer, der arme Jakob. Dem Kapellmeister gefiel das nicht.

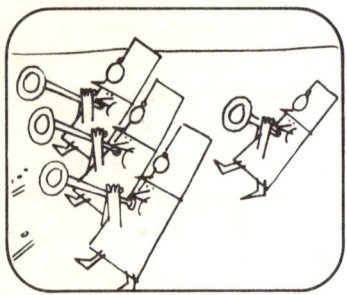

Um den einsamen Musiker aus der letzten Reihe einzureihen, ordnete er an, in Dreierreihen zu marschieren; aber wieder war Jakob allein in der letzten Reihe.

Sogar als die Kapelle in Zweierreihen marschierte, blieb Jakob übrig.

Gaby ging das zwar nichts an, aber sie wandte sich doch an den Kapellmeister. **Gaby:** „Darf ich Ihnen einen guten Rat geben?" **Kapellmeister:** „Nein! Verschwinden Sie lieber."

Ganze aus Teilen

Gaby hat einfach die Mitglieder der Kapelle gezählt und dabei ein Vielfaches von fünf gefunden. Aber wie können *Sie*, ohne die Kapelle zu sehen, die Anzahl der Mitglieder bestimmen?

Ihr aha! sagt Ihnen: Die gesuchte Zahl läßt Rest 1, symbolisiert durch Jakob, wenn man sie durch 2, 3 und 4 teilt. Die kleinste Zahl mit dieser Eigenschaft ist offenbar um 1 größer als das k.g.V. (kleinste gemeinsame Vielfache) von 2, 3 und 4. Das k.g.V. dieser drei Teiler ist 12. Jede Zahl, die um eins größer ist als ein Vielfaches von 12 läßt beim Teilen durch 2, 3 und 4 den Rest 1.

Als die Kapelle in Fünferreihen vorbeimarschierte, blieb kein Rest. Die Zahl der Musiker muß also ohne Rest durch 5 teilbar sein. Die in Frage kommenden Zahlen sind also die Vielfachen von 5 aus folgender Zahlenfolge:

13, 25, 37, 49, 61, 73, 85, 97, 109, 121, 133, 145, . . .

Da 145 für eine Feuerwehrkapelle zu groß ist, kommen nur 25 und 85 in Frage. Wir besitzen nicht genug Information, um zwischen diesen beiden Zahlen zu entscheiden.

Als Variante betrachten wir dasselbe Problem wie eben, nur daß jetzt jedesmal in der letzten Reihe einer *fehlt*. Wie groß ist die Kapelle? Diesmal müssen wir die Folge derjenigen Zahlen aufschreiben, die um eines *kleiner* als die Vielfachen von 12 und durch 5 teilbar sind: 35, 95, 155, . . .

Der Rätselerfinder Sam Loyd hat folgende Variante erfunden: Am Sankt-Patricks-Tag sammelten sich in New York Iren zur traditionellen Parade. Der Großmarschall versuchte, sie in Reihen von 10, 9, 8, 7, 6, 5, 4, 3 und 2 aufzustellen, aber jedesmal fehlte ein Mann in der letzten Reihe. Die Leute dachten, der freie Platz werde vom Geist Caseys eingenommen, der einige Monate vorher gestorben war. In seiner Verzweiflung ordnete der Großmarschall an, die Leute sollten einzeln vorbeidefilieren. Wieviele Leute waren dabei, falls es nicht mehr als 7000 waren? Das Problem ist eine gute Übung zur Berechnung des kleinsten gemeinsamen Vielfachen einer Menge von Zahlen. Das ist in diesem Falle 2520. Wenn wir dann noch den Geist Caseys davon abziehen, erhalten wir die Antwort: 2519.

Die Aufgabe erscheint schwieriger, wenn beim Teilen verschiedene Reste bleiben, aber das ist oft nur scheinbar. Als Beispiel betrachten wir folgendes klassisches Rätsel, das schon in Hindu-Rechenbüchern des 7. Jahrhunderts auftaucht:

Eine Frau trägt einen Korb mit Eiern. Als ein Pferd an ihr vorbeigaloppiert, erschreckt sie sich, läßt den Korb fallen, und alle Eier zerbrechen. Als sie gefragt wird, wieviele Eier denn in dem Korb gewesen seien, gibt sie zur Antwort, sie sei sehr schlecht im Rechnen, erinnere sich aber, daß beim Zählen in Gruppen zu zweien, dreien, vieren und fünfen die Reste 1, 2, 3 und 4 jeweils geblieben seien. Wieviele Eier waren in dem Korb?

Dieses schöne Problem scheint zunächst schwieriger zu sein als die vorherigen. Tatsächlich verhält es sich aber wie der erste Teil des zweiten Problems, denn in beiden Fällen ist der Rest um eines kleiner als der Teiler. Die Anzahl der Eier ist also um eins kleiner als das k.g.V. von 2, 3, 4 und 5.

Wenn die Reste keine gleichmäßige Beziehung zu den Teilern haben, wird das Problem tatsächlich komplizierter. Es folgt ein raffinierter Trick aus diesem Bereich, zu dem man einen Taschenrechner benutzt. Ihre Freunde werden ihn verblüffend und faszinierend finden:

Der Zauberer sitzt auf einem Stuhl und wendet dem Publikum den Rücken zu. Jemand denkt sich eine Zahl zwischen 1 und 1000. Der Zauberer läßt sich die Reste nennen, die beim Teilen der gedachten Zahl durch 7, 11 und 13 entstehen.

Um den Vorgang zu beschleunigen, kann man die Reste mit Hilfe eines Taschenrechners bestimmen. Das läßt sich mit folgendem Algorithmus leicht durchführen: Führen Sie die Division aus, subtrahieren Sie den ganzzahligen Teil des Quotienten und multiplizieren Sie das Ergebnis mit dem ursprünglichen Teiler. Runden Sie dieses Produkt auf die nächste ganze Zahl, und Sie haben den gewünschten Rest.

Aus der Kenntnis dieser drei Reste kann der Magier die gedachte Zahl bestimmen. Er benutzt dazu seinen eigenen Taschenrechner und die geheime Formel:

$$\frac{715a + 364b + 924c}{1001}$$

Die Variablen a, b und c sind die Reste in der genannten Reihenfolge. Die gedachte Zahl ist der *Rest*, der bei der Berechnung mit dieser Formel bleibt.

Die seltsame Formel erhält man wie folgt: Der erste Koeffizient ist das kleinste Vielfache von $b \cdot c$, das um eins größer ist als ein Vielfaches von a. Es gibt Regeln, mit denen man diese Zahl berechnen kann, aber wenn die Teiler, wie in unserem Falle, klein sind, kann man das Ergebnis auch durch Probieren finden. Wir gehen einfach die Vielfachen von $b \cdot c$ durch (143, 286, 429, 572, 715, . . .), bis wir eine Zahl erreichen, die beim Teilen durch a den Rest 1 läßt. In diesem Falle ist $a = 7$ und der gesuchte Koeffizient 715.

Die anderen beiden Koeffizienten erhält man auf entsprechende Weise. Der zweite ist das kleinste Vielfache von $a \cdot c$, das um 1 größer ist als b, und der dritte Koeffizient ist das kleinste Vielfache von $a \cdot b$, das um 1 größer ist als c. Die Zahl unter dem Bruchstrich ist einfach $a \cdot b \cdot c$. Auf diese Weise können Sie Ihre eigene geheime Formel für jedes Tripel von Teilern bestimmen. Die Teiler müssen nicht, wie in unserem Beispiel, Primzahlen sein, aber sie müssen zueinander prim sein.

Der Beweis der allgemeinen Formel erfordert Kongruenzrechnung und die Kenntnis des berühmten Chinesischen Restsatzes. Dieser Satz ist einer der wertvollsten Sätze der Zahlentheorie und spielt in vielen grundlegenden Beweisen in der Mathematik sowie bei der Lösung naturwissenschaftlicher Probleme eine entscheidende Rolle.

Zur Übung versuchen Sie doch einmal die geheime Formel für eine einfachere Version desselben Tricks aufzustellen! Er geht zurück auf Sun-tsu, einen chinesischen Mathematiker des ersten Jahrhunderts, nach dem auch der Chinesische Restsatz benannt ist: Die gedachte Zahl muß zwischen 1 und 105 liegen, und die Teiler sind 3, 5 und 7. Die Lösungsformel ist in diesem Fall so einfach, daß sich die Berechnung mit einiger Übung im Kopf durchführen läßt.

Augen und Beine

Ehe sie den Park verließen, besuchten Klaus und Gaby noch den Zoo. In einem Gehege sahen sie Giraffen und Strauße.

Als sie den Zoo verlassen hatten, sagte Klaus zu Gaby: „Hast du die Giraffen und die Strauße gezählt?"
Gaby: „Nein, wieviele waren es denn?"

Klaus: „Das sollst du raten. Zusammen hatten sie 30 Augen und 44 Beine."

Gabys erstes aha! bescherte ihr die Erkenntnis, daß 30 Augen 15 Tiere bedeuteten.

3.21 **Gaby:** „Jetzt kann ich natürlich alle Möglichkeiten von 15 Giraffen und null Strauß bis zu 15 Straußen und null Giraffen probieren, aber es geht auch anders.

Wenn alle Tiere zwei Beine hätten, dann befänden sich 30 Beine auf dem Boden.

Du sagtest aber, es waren zusammen 44 Beine, demnach müssen 14 Giraffenbeine in der Luft hängen. Also waren es 7 Giraffen. Richtig?"

Klaus: „Richtig, und wenn es 7 Giraffen waren, dann waren zwangsläufig 8 Strauße im Gehege. Bravo!

Zweifüßer und Vierfüßer

Gabys Lösungseinfall ist leicht zu verstehen, aber vielleicht möchten Sie die Antwort doch lieber algebraisch überprüfen. Stimmt Ihr Ergebnis mit dem von Gaby überein?

Und nun ein amüsantes Rätsel dieser Art, das ein ganz anderes aha!-Erlebnis erfordert: Ein kleiner Zirkus hat eine bestimmte Anzahl Pferde und Reiter. Zusammen haben diese 50 Beine und 18 Köpfe. Zusätzlich besitzt der Zirkus einige Dschungeltiere, die zusammen 11 Köpfe und 20 Beine haben. Es gibt doppelt so viele vierfüßige Dschungeltiere wie zweifüßige. Wieviele Pferde, Reiter und wilde Tiere besitzt der Zirkus?

Sie sollten schnell herausfinden, daß der Zirkus 7 Pferde und 11 Reiter besitzt, aber wenn Sie versuchen, die Anzahl der Dschungeltiere zu bestimmen, wird es Sie wohl überraschen, eine negative Zahl zu finden.

Können Sie das Rätsel trotzdem lösen, ehe Sie die Antwort im Anhang nachschlagen?

Der große Zusammenstoß

Schließlich bot Klaus Gaby an, sie in seinem Sportwagen nach Hause zu fahren.

Wenn beide mit gleicher Geschwindigkeit weiterfahren, und ich nicht überhole, dann fahren wir ihm hinten rein. Es ist deine Aufgabe, mir zu sagen, wie groß die Entfernung zwischen uns und dem Lastwagen eine Minute vor dem Aufprall sein wird."

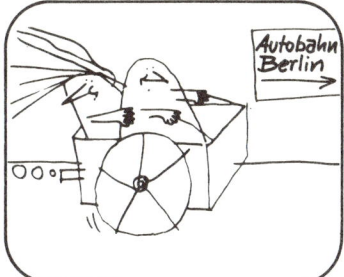

Unterwegs überlegte sich Klaus ein neues Problem für Gaby.

Gaby: „Das ist doch ganz einfach! Eine Minute vor dem Zusammenstoß werden wir 250 Meter hinter dem Lastwagen sein."
Gaby hatte recht. Können Sie sich denken, wie sie die Antwort so schnell gefunden hat?

Klaus: „Siehst du den dikken Lastwagen da vorn? Er fährt ziemlich schnell, aber ich komme ihm näher.

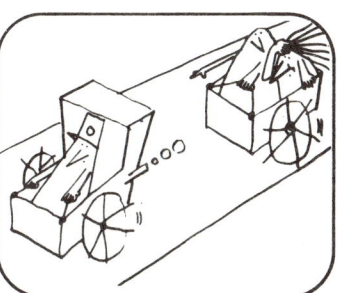

Nehmen wir an, er bewegt sich gleichmäßig mit 65 Kilometern pro Stunde, und ich fahre 80 Kilometer.

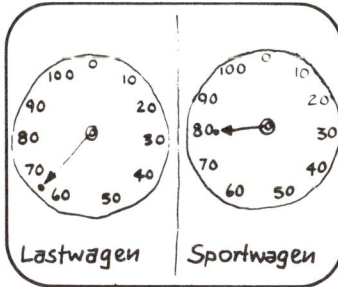

Lastwagen   Sportwagen

Die Entfernung zum Lastwagen beträgt im Moment, sagen wir, 1 500 Meter.

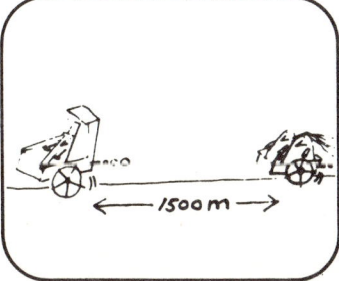

Rückwärtsdenken

Man kann dieses Problem algebraisch angehen, aber Gabys Idee führt viel einfacher zur Lösung. Sie bemerkte, daß man durch Zeitumkehr das Ergebnis sofort erhalten kann.

Der Lastwagen bewegt sich gleichmäßig mit 65 Kilometern pro Stunde und Klaus fährt konstant 80 km/h. Relativ zum Lastwagen bewegt sich Klaus also mit 15 km/h oder 15 000 Metern pro Stunde. Das entspricht 250 Metern pro Minute. Eine Minute vor dem Zusammenstoß haben also beide Fahrzeuge einen Abstand von 250 Metern.

Wir wissen, daß Klaus noch 1,5 Kilometer von dem Lastwagen entfernt war, als er die Frage stellte, aber diese Information ist zur Lösung des Problems nicht nötig. Die Antwort ist von der ursprünglichen Entfernung zwischen beiden Fahrzeugen völlig unabhängig!

Es gibt zwei klassische Kopfnüsse, die durch dasselbe aha!-Erlebnis mit der Zeitumkehr gelöst werden:

1. Zwei Raumschiffe bewegen sich in gerader Linie auf Kollisionskurs aufeinander zu. Ein Raumschiff bewegt sich mit einer Geschwindigkeit von 12 Kilometer pro Minute, das andere mit 8 Kilometern pro Minute. Nehmen wir an, sie befinden sich anfangs im Abstand von 5000 Kilometern. Wie groß wird die Entfernung eine Minute vor dem Zusammenstoß sein?

   Wieder ist die Anfangsentfernung für die Lösung des Problems ganz unbedeutend. Daß diese Entfernung angegeben wird, führt viele Leute auf den falschen Weg. Sie denken, sie müßten ausgehend von dieser Entfernung vorwärts rechnen. Die einfache Lösung besteht natürlich in dem aha!-Erlebnis, daß die Raumschiffe sich relativ zueinander mit einer Geschwindigkeit von 20 km pro Minute bewegen. Eine Minute vor dem Zusammenstoß sind sie also 20 km voneinander entfernt.

2. Ein Molekularbiologe hat eine merkwürdige Spore gezüchtet, die sich alle Stunde in 3 Sporen teilt, jede von gleicher Größe wie die Ausgangsspore. Die drei neuen Sporen teilen sich eine Stunde darauf wieder, jede in drei Sporen. Dieser Teilungsprozeß setzt sich unbegrenzt fort.

Der Biologe legt mittags eine Spore in einen Behälter. Um Mitternacht wird der Behälter gerade voll. In welcher Zeit war der Behälter zu einem Drittel gefüllt?

Die aha!-Lösung ist wie zuvor: denke rückwärts! Der Behälter war um 23 Uhr, eine Stunde vor Mitternacht, zu einem Drittel gefüllt.

Nun wollen wir Ihr aha!-Potential an einer neuen, entzückenden Variante dieses Problems überprüfen. Die Bedingungen sind genauso wie eben, nur daß der Biologe mittags *drei* Sporen in denselben leeren Behälter legt, und nicht nur eine. Wann wird der Behälter gefüllt sein. Die Antwort finden Sie im Anhang.

Seltsamer Handel

Als sie bei Gaby zu Hause ankamen, übergab sie ihrem Vater ein Paket.
Gaby: „Hier sind die Sachen aus der Eisenwarenhandlung, Papi."
Herr Schwarz: „Danke, wieviel haben sie denn gekostet?"

Gaby: „Fünfhundert für drei Mark."
Herr Schwarz: „Drei Mark? Also eine Mark pro Stück."
Gaby: „Ja, Papi." Was in aller Welt hatte Gaby gekauft?

Zahlenpreise

Das aha! besteht hier in der Erkenntnis, daß „500" auf zweierlei Weise interpretiert werden kann: Als Zahl oder als drei Ziffern. Wenn eine Ziffer eine Mark kostet, dann kosten drei Ziffern drei Mark. Gaby hatte eine dreistellige Hausnummer gekauft.

An dieser Aufgabe zeigt sich deutlich, wie wichtig es ist, in jedem Fall die angebotene Information sorgfältig zu analysieren.

Die geheime Telefonnummer

Klaus: „Übrigens, Gaby, du hast mir deine neue Telefonnummer noch nicht gegeben, und im Telefonbuch steht sie auch noch nicht."

Gaby: „Wir sollen sie eigentlich noch nicht bekanntgeben, aber wenn Du willst, beantworte ich dir 24 Ja-Nein-Fragen."

Klaus: „Aber Gaby, wir bekommen jetzt siebenstellige Nummern, da gibt es fast 10 Millionen mögliche Telefonnummern. Wie könnte ich da deine mit nur 24 Fragen herausbekommen?" **Gaby:** „Na, denk' doch mal nach. Ich weiß, daß du es kannst."

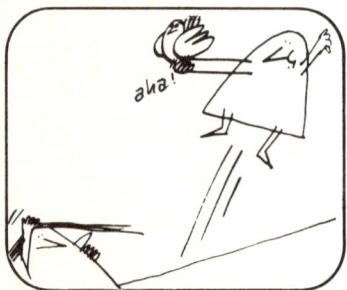

Lange dauerte es nicht, bis Klaus auf eine einfache Methode kam, mit der man jede beliebige siebenstellige Telefonnummer in höchstens 24 Fragen herausbekommen kann. Wenn Sie auch darauf kommen, können Sie es an Ihren Freunden ausprobieren.

Binäres Sortieren

Klaus fand folgende optimale Methode, um ein bestimmtes Element einer Menge durch Ja/Nein-Fragen zu bestimmen: Wenn die Menge eine gerade Zahl von Elementen enthält, teilen wir sie in zwei gleich große Mengen. Wenn die Anzahl der Elemente ungerade ist, teilen wir die Grundmenge in zwei Mengen, deren eine ein Element mehr enthält als die andere. Dann fragen wir, welche der beiden so erhaltenen Mengen das gesuchte Element enthält. Mit der so bestimmten Teilmenge wiederholen wir die beschriebene Prozedur, bis schließlich nur noch eine Menge mit einem Element übrigbleibt. Dieses Element ist das gesuchte.

Eine Frage bestimmt offensichtlich ein Element einer zweielementigen Menge. Für eine 4elementige Menge reichen zwei Fragen, für eine 8elementige Menge drei Fragen, vier Fragen für 16 Elemente und, ganz allgemein, n Fragen für eine 2^n-elementige Menge.

In unserem Problem mit der Telefonnummer reichen 24 Fragen, um jede Zahl zwischen 1 und $2^{24} = 16\,777\,216$ zu bestimmen. Diese Zahl ist größer als 9 999 999, die größte mögliche siebenstellige Zahl. Dreiundzwanzig Fragen würden nicht ausreichen, denn $2^{23} = 8\,388\,608$ ist kleiner als einige der möglichen Telefonnummern.

Klaus sagt demnach zunächst: „Ist die Zahl größer als 5 Millionen?" Die Antwort halbiert die Anzahl der möglichen Nummern. Wenn er in dieser Weise fortfährt, kann er sicher sein, die gesuchte Telefonnummer in höchstens 24 Fragen zu erraten.

Die meisten Leute können kaum glauben, daß sich mit nur 24 Fragen jede Zahl zwischen 1 und mehr als 16 Millionen bestimmen läßt. Ihnen ist nicht bewußt, wie schnell die Zahlen beim Verdoppeln anwachsen. An diesem schnellen Anwachsen liegt es auch, daß man mit Ja/Nein-Fragen meist leicht erraten kann, woran jemand denkt, selbst wenn ihm erlaubt wird, an irgendein ganz beliebiges Objekt zu denken. Wenn man sich beim Halbieren geschickt anstellt (mit Fragen wie: „Ist es lebendig?", oder „Ist es ein Tier?", „Ist es eine Pflanze?", und so weiter), kann man oft mit 20 Fragen herausbekommen, daß jemand etwa an den linken Turm der Münchner Frauenkirche denkt!

Informatiker nennen die beschriebene Prozedur „Binäres Suchen". Bei einem raffinierten Gedankenlesetrick, der auf binärem Suchen basiert, werden die sechs Karten in Bild 1 benutzt. Geben Sie jemandem die Karten, und bitten Sie ihn dann, sich eine Zahl zwischen 1 und 63 zu denken. Dann soll er Ihnen diejenigen Karten zurückgeben, auf denen die gedachte Zahl auftaucht. Sie können die gedachte Zahl dann sofort nennen.

Binäre Gedankenlesekarten

1	3	5	7	9	11	13	15
17	19	21	23	25	27	29	31
33	35	37	39	41	43	45	47
49	51	53	55	57	59	61	63

2	3	6	7	10	11	14	15
18	19	22	23	26	27	30	31
34	35	38	39	42	43	46	47
50	51	54	55	58	59	62	63

4	5	6	7	12	13	14	15
20	21	22	23	28	29	30	31
36	37	38	39	44	45	46	47
52	53	54	55	60	61	62	63

8	9	10	11	12	13	14	15
24	25	26	27	28	29	30	31
40	41	42	43	44	45	46	47
56	57	58	59	60	61	62	63

16	17	18	19	20	21	22	23
24	25	26	27	28	29	30	31
48	49	50	51	52	53	54	55
56	57	58	59	60	61	62	63

32	33	34	35	36	37	38	39
40	41	42	43	44	45	46	47
48	49	50	51	52	53	54	55
56	57	58	59	60	61	62	63

Bild 1

Ihr Geheimnis besteht einfach darin, die ersten Zahlen auf den zurückgegebenen Karten zu addieren. Die Summe ist die gesuchte Zahl.

Die Konstruktion der Karten ist leicht zu erklären, wenn man sich die Zahlen von 1 bis 63 im Dualsystem aufschreibt (Bild 2). Die Zahlen in der linken Spalte entsprechen der Schreibweise im gewohnten Zehnersystem. Rechts davon steht die binäre Darstellung. Die sechs Zahlen im Kopfeintrag sind die Potenzen von 2, die bei der linken Schreibweise verwendet werden. Die Gedankenlesekarte mit der 1 als erste Zahl enthält alle Zahlen, die in der äußersten rechten Spalte eine 1 haben. Die Karte mit der 2 als erster Zahl enthält alle Zahlen, die in der zweiten

Dezimalzahlen ↓	Binärzahlen					
	2^5	2^4	2^3	2^2	2^1	2^0
0						0
1						1
2					1	0
3					1	1
4				1	0	0
5				1	0	1
6				1	1	0
7				1	1	1
8			1	0	0	0
9			1	0	0	1
10			1	0	1	0
11			1	0	1	1
12			1	1	0	0
13			1	1	0	1
14			1	1	1	0
15			1	1	1	1
16		1	0	0	0	0
17		1	0	0	0	1
18		1	0	0	1	0
19		1	0	0	1	1
20		1	0	1	0	0
21		1	0	1	0	1
22		1	0	1	1	0
23		1	0	1	1	1
24		1	1	0	0	0
25		1	1	0	0	1
26		1	1	0	1	0
27		1	1	0	1	1
28		1	1	1	0	0
29		1	1	1	0	1
30		1	1	1	1	0
31		1	1	1	1	1
32	1	0	0	0	0	0
33	1	0	0	0	0	1
34	1	0	0	0	1	0
35	1	0	0	0	1	1
36	1	0	0	1	0	0
37	1	0	0	1	0	1
38	1	0	0	1	1	0
39	1	0	0	1	1	1
40	1	0	1	0	0	0
41	1	0	1	0	0	1
42	1	0	1	0	1	0
43	1	0	1	0	1	1
44	1	0	1	1	0	0
45	1	0	1	1	0	1
46	1	0	1	1	1	0
47	1	0	1	1	1	1
48	1	1	0	0	0	0
49	1	1	0	0	0	1
50	1	1	0	0	1	0
51	1	1	0	0	1	1
52	1	1	0	1	0	0
53	1	1	0	1	0	1
54	1	1	0	1	1	0
55	1	1	0	1	1	1
56	1	1	1	0	0	0
57	1	1	1	0	0	1
58	1	1	1	0	1	0
59	1	1	1	0	1	1
60	1	1	1	1	0	0
61	1	1	1	1	0	1
62	1	1	1	1	1	0
63	1	1	1	1	1	1

Bild 2

Dezimalzahlen ↓	Tertiärzahlen		
	3^2	3^1	3^0
1			1
2			2
3		1	0
4		1	1
5		1	2
6		2	0
7		2	1
8		2	2
9	1	0	0
10	1	0	1
11	1	0	2
12	1	1	0
13	1	1	1
14	1	1	2
15	1	2	0
16	1	2	1
17	1	2	2
18	2	0	0
19	2	0	1
20	2	0	2
21	2	1	0
22	2	1	1
23	2	1	2
24	2	2	0
25	2	2	1
26	2	2	2

Bild 3

1	14 – 14	3	15 – 15	9	18 – 18
2 - 2	16	4	16 – 16	10	19 – 19
4	17 – 17	5	17 – 17	11	20 – 20
5 - 5	19	6 - 6	21	12	21 – 21
7	20 – 20	7 - 7	22	13	22 – 22
8 - 8	22	8 - 8	23	14	23 – 23
10	23 – 23	12	24 – 24	15	24 – 24
11 - 11	25	13	25 – 25	16	25 – 25
13	26 – 26	14	26 – 26	17	26 – 26

Bild 4

Spalte von rechts eine 1 stehen haben und so weiter.

Die Konstruktion solcher Trickkarten läßt sich leicht auf andere Basen als 2 ausdehnen. Bild 3 zeigt, wie man entsprechende Karten unter Verwendung der Stellenschreibweise zur Basis 3 konstruieren kann. Jede ternäre Zahl kann die Ziffern 0, 1 oder 2 enthalten. Wenn in einer Spalte eine 1 auftaucht, schreiben wir die entsprechende Dezimalzahl einmal auf die dieser Spalte entsprechende Karte, wenn eine 2 auftaucht, notieren wir die Zahl zweimal auf der Karte.

Bild 4 zeigt drei Gedankenlesekarten, mit denen man jede Zahl zwischen 1 und 26 bestimmen kann. Aber nun muß die Testperson bei jeder zurückgegebenen Karte dazusagen, ob die gedachte Zahl ein- oder zweimal auf der Karte vorkommt. Wenn sie zweimal vorkommt, müssen Sie die erste Zahl auf der Karte verdoppeln, ehe Sie addieren.

Vielleicht wollen Sie dieses System auf sechs Karten ausdehnen. Wie wir gesehen haben, lassen sich mit sechs binären Karten alle Zahlen zwischen 1 und 63 bestimmen. Entsprechend kommt man mit sechs ternären Karten bis 728. Die Verallgemeinerung auf größere Basen ist leicht zu erkennen. Zum Beispiel kommen auf Karten, denen die Basis 4 zugrunde liegt, einige Zahlen doppelt vor, andere dreifach. Wenn die Zahl dreifach vorkommt, müssen Sie die erste Zahl auf der Karte verdreifachen, ehe Sie addieren.

Die ternären Karten illustrieren die Tatsache, daß „ternäres Sortieren" in gewisser Weise besser als binäres Sortieren ist. Wenn wir eine Menge immer in drei statt in zwei Mengen zerlegen und uns jedes Mal gesagt wird, in welcher der Teilmengen sich das gesuchte Element befindet, kommen wir mit weniger Fragen zum Ziel. Die Fragen sind dann allerdings nicht mehr vom Ja/Nein-Typus.

Der Vorteil des ternären Sortierens läßt sich an folgendem Kartentrick schön darstellen. Man benutzt dazu $3^3 = 27$ beliebige Spielkarten. Ein Zuschauer sieht das Deck durch und denkt sich eine Karte. Der Zauberer teilt dann die Karten in drei Haufen, Bilder nach oben, auf dem Tisch aus. Der Zuschauer muß nun sagen, in welchem der drei Haufen sich die Karte befindet.

Der Zauberer vereinigt die drei Haufen wieder zu einem Paket und teilt wieder, Bildseite nach oben, drei Haufen aus. Nochmals muß der Zuschauer sagen, welcher Haufen die gedachte Karte enthält. Wieder vereinigt der Zauberer die Haufen, teilt ein letztes Mal drei Haufen aus, läßt sich den Haufen mit der gedachten Karte nennen, fügt die drei Haufen wieder zu einem Deck und legt es mit der Bildseite nach unten auf den Tisch. Der Zuschauer gibt nun bekannt, an welche Karte er gedacht hat. Der Zauberer wendet daraufhin die oberste Karte des Haufens und — es ist die genannte Karte. Der Trick kann beliebig oft wiederholt werden und verfehlt nie seine Wirkung.

Das Geheimnis ist einfach. Jedesmal, wenn der Zauberer die drei Haufen zusammenfügt, legt er den Stapel, der die gedachte Karte enthält, obenauf, wenn die Karten mit dem Bild nach unten gehalten werden. So wird die gewählte Karte automatisch nach oben sortiert.

Es ist nicht weiter schwer herauszufinden, warum der Trick funktioniert. Das Prinzip ist genau das gleiche wie beim Erraten der Telefonnummer, nur daß diesmal die Mengen gedrittelt statt halbiert werden. Nach dem ersten Zusammenfügen muß sich die Karte unter den obersten neun Karten befinden. Nach dem zweiten Aufnehmen muß sie unter den ersten drei Karten sein, und nach dem dritten Mal ist sie die erste Karte im Deck. Wenn Sie den Trick mit der gewählten Karte verdreht durchspielen, können Sie zusehen, wie sie in drei Stufen nach oben wandert. Beim Sortieren von Daten durch Computer werden Prozeduren wie diese in der Theorie des Informationsrückrufs angewendet.

Gegen den Strom

Gaby und Klaus beschlossen, ihre Ferien bei Onkel Heinrich zu verbringen, der in einer Hütte in einem Naturpark lebte.

Um zur Hütte zu gelangen, mußten sie sich ein Boot leihen und einen Fluß hinaufpaddeln.

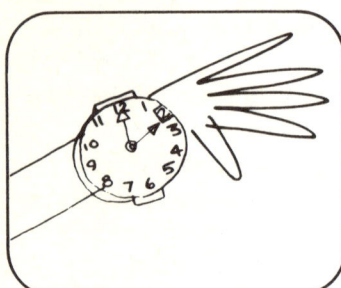

Klaus machte es sich vorn bequem, Gaby paddelte hinten. Um 14 Uhr nahm sie ihren Strohhut ab und legte ihn hinter sich auf das Heck.

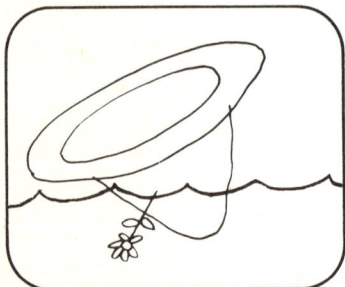

Gleich darauf blies ein Windstoß den Hut ins Wasser, ohne daß die beiden es bemerkten.

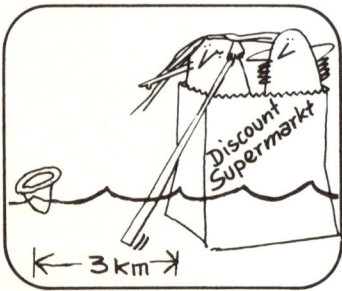

Erst nachdem sie eine halbe Stunde stromaufwärts gepaddelt waren, rief Gaby plötzlich: „Warte! Halte das Boot an! Ich habe meinen neuen Strohhut verloren."

Sie wendeten das Boot und paddelten stromabwärts, bis sie den Hut erreichten.

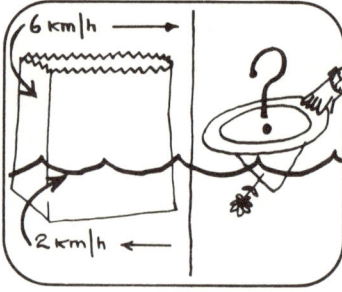

Nehmen wir an, die Geschwindigkeit des Bootes im Wasser betrug immer 6 Kilometer in der Stunde, und das Wasser floß mit einer Geschwindigkeit von 2 Kilometern in der Stunde. Wann erreichten sie den Hut?

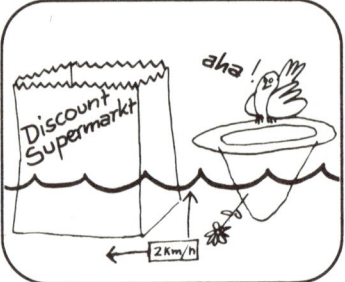

Traf Sie schon das aha!-Erlebnis, das die Lösung einfach macht? Ob Sie es glauben oder nicht, die Geschwindigkeit des Wassers hat auf den Hut den gleichen Einfluß wie auf das Boot und kann bei der Lösung ignoriert werden.

Relativ zum Wasser hat sich das Boot also 3 Kilometer vom Hut weg bewegt und drei Kilometer auf ihn zu. Insgesamt also 6 Kilometer weit.

Da das Boot sich aber mit einer Geschwindigkeit von 6 Kilometern in der Stunde durchs Wasser bewegt hat, erreichen die beiden den Hut nach einer Stunde, also um 15 Uhr.

Relative Geschwindigkeiten

Gaby und Klaus hatten sich erst stromaufwärts vom Hut entfernt und waren dann zu ihm zurückgekehrt. Die Strömung hatte keinen Einfluß auf die Reisezeiten, denn auch der Hut bewegte sich ja mit der Strömung. Nun folgt eine schöne Variante, bei der die Rundreise bei einem festen Punkt am Ufer beginnt und endet.

Nehmen wir an, der Fluß besitzt keine Strömung. Klaus und Gaby starten an einer Anlegestelle am Ufer, rudern 3 Kilometer stromaufwärts, wenden und rudern zur Anlegestelle zurück. Für diese Rundreise brauchen sie 20 Minuten.

Nun nehmen wir an, das Wasser bewegt sich, wie im letzten Problem, mit einer Geschwindigkeit von 2 Kilometern pro Stunde stromabwärts. Wenn sie wieder 3 Kilometer von der Anlegestelle stromaufwärts rudern und dann zurückkehren, werden sie dann mehr oder weniger als 20 Minuten brauchen?

Man ist versucht zu sagen, sie brauchten wieder 20 Minuten, denn bei der Fahrt stromaufwärts wird das Boot um so viel verzögert, wie es bei der Fahrt stromabwärts beschleunigt wird.

Das ist unrichtig, warum?

Man braucht folgendes aha!, um die Frage zu beantworten: Die Fahrt 3 Kilometer stromaufwärts dauert *länger* als die Fahrt 3 Kilometer stromabwärts. Das Boot wird also über eine längere Zeitspanne verzögert als beschleunigt. Die Rundreise dauert also insgesamt länger als ohne Strömung. Dies läßt sich auch leicht mit Hilfe algebraischer Gleichungen verifizieren.

Dasselbe gilt für Flugzeuge, die sich erst mit und dann gegen den Wind bewegen. Wenn ein Flugzeug von A nach B und dann zurück nach A fliegt, dann dauert diese Rundreise länger, wenn ein konstanter Wind von A nach B oder von B nach A weht, als wenn Windstille herrscht.

Nun noch ein anderes schönes Problem über Bewegungen relativ zu einem festen Punkt: Ein Mädchen besteigt den letzten Wagen eines Zuges. Sie kann keinen Platz finden, und so stellt sie ihren schweren Koffer hinten im Wagen ab, als der Zug gerade an der Schuhfabrik Plattfuß vorbeifährt. Sie geht nun mit konstanter Geschwindigkeit durch den Zug und erreicht nach 5 Minuten den ersten Wagen.

Da sie keinen Platz gefunden hat, geht sie mit der gleichen Geschwindigkeit zurück zu ihrem Koffer. Als sie dort ankommt, passiert der Zug gerade Plattendeckers Perücken-Fabrik, die 5 Kilometer von der Schuhfabrik Plattfuß entfernt ist. Wie schnell fährt der Zug?

Wie im ersten Problem, so führt auch hier ein einfaches aha! sofort zur Lösung. Man braucht weder zu wissen, wie schnell noch wie weit das Mädchen gegangen ist. Während der 10 Minuten ihres Rundgangs durch den Zug hat sich der Koffer 5 km weiter bewegt. Der Zug fährt also mit einer Geschwindigkeit von einem halben Kilometer pro Minute, oder mit 30 Kilometern pro Stunde.

Es folgt ein wenig bekanntes Geschwindigkeitsrätsel, das sogar gute Mathematiker durcheinander bringt. Ein Junge und ein Mädchen machten einen Wettlauf über 100 Meter. Als das Mädchen die Ziellinie überschritt, war der Junge erst 95 Meter weit gelaufen. Sie gewann also das Rennen mit 5 Meter Vorsprung.

Sie wiederholten das Rennen und, um dem Jungen bessere Chancen einzuräumen, beschloß das Mädchen, 5 Meter hinter der Startlinie zu beginnen. Wenn beide mit der gleichen Geschwindigkeit wie beim ersten Rennen liefen, wer gewann dann das zweite?

Wenn Sie für Unentschieden plädieren, müssen Sie noch einmal nachdenken und nach einem aha! suchen (Hinweis: An welchem Punkt der Bahn sind beide auf gleicher Höhe?)

Eine amüsante kleine Aufgabe betrifft einen betrunkenen Marienkäfer am Ende eines Meterstabes. Er möchte ans andere Ende krabbeln. Jede Sekunde bewegt er sich 3 Zentimeter vorwärts und 2 Zentimeter rückwärts. Wie lange braucht der konfuse Käfer, um das andere Ende zu erreichen? (Die Antwort ist *nicht* 100 Sekunden.)

Geldsachen

Kurz bevor sie zu Onkel Heinrichs Hütte kamen, gab Gaby Klaus folgendes Rätsel auf:
Gaby: „Was ist mehr wert: Ein Sparschwein gefüllt mit 5-Dollar-Goldstücken oder dasselbe Schwein gefüllt mit 10-Dollar-Goldstücken?"

Klaus war erst eine Weile verwirrt, gab dann aber die richtige Antwort. Als Revanche stellte er Gaby folgende Aufgabe:
Klaus: „Ein Schotte hat 44 Pfundnoten und zehn Taschen. Wie kann er das Geld so auf die Taschen verteilen, daß sich in jeder Tasche eine andere Anzahl Scheine befindet?"

Schubfachschluß

Ein Sparschwein, gefüllt mit Fünf-Dollar-Goldstücken, enthält genauso viel Gold wie eines, das mit Zehn-Dollar-Goldstücken gefüllt ist. Das Gold in beiden ist also gleich viel wert. Sie denken vielleicht, daß sich kleinere Münzen dichter packen ließen als größere, aber das ist nicht der Fall. Wenn Sie einen Eimer mit kleinen Kieselsteinen füllen, dann ist das Verhältnis des Restvolumens zum Volumen des Eimers genauso groß, wie wenn Sie große Kieselsteine nehmen.

Das Problem des Schotten mit seinen 44 Pfundnoten und zehn Taschen ist noch raffinierter. Wir wollen sehen, was passiert, wenn wir die kleinstmögliche Anzahl Scheine in die Taschen stecken. Die erste Tasche enthält dann keinen Schein, die zweite Tasche einen Schein, die dritte Tasche zwei Scheine usw. Die letzte Tasche enthält neun Scheine. Aber $0+1+2+3+4+5+6+7+8+9=45$, wir haben also schon einen Schein zuviel benutzt. Offensichtlich gibt es keine Möglichkeit, die Anzahl der Scheine in irgendeiner Tasche zu verkleinern, ohne daß zwei Taschen gleich viele Scheine enthalten.

Mathematiker nennen diese Art eines Beweises „Beweis nach dem Taubenschlagprinzip" oder auch Dirichlets Schubfachschluß. Folgendes amüsantes Beispiel läßt sich mit der gleichen Technik lösen: Nehmen wir an, eine Stadt hat nicht mehr als 200 000 Einwohner. Gibt es dann zwei Einwohner, die genau die gleiche Anzahl Haare auf dem Kopf haben?

Auf den ersten Blick halten Sie das vielleicht für unwahrscheinlich, aber wir wollen sehen, was die Anwendung des Schubfachprinzips bringt. Die Anzahl der Haare auf dem Kopf eines Menschen ist nicht größer als 100 000. Wenn es keine zwei zusammenpassenden Köpfe gibt, kann dann eine Person eine Glatze haben, eine Person ein Haar, eine zwei Haare und so weiter. Sobald wir aber die 100 000 überschreiten, müssen wir uns wiederholen. Spätestens die 100 001. Person muß genausoviele Haare auf dem Kopf haben wie eine bereits gezählte Person. Da die Stadt an die 200 000 Einwohner hat, gibt es nicht nur ein Paar zusammenpassender Köpfe, sondern bis zu 100 000!

Onkel Heinrichs Uhr

Onkel Heinrich hatte seine Hütte selbst gebaut, und er hatte weder Strom, noch Fernsehen, noch Radio, noch Telefon.

Das erste, was er sagte, war: „Wie spät ist es?"

Gaby: „Tut mir leid, Onkel Heinrich. Wir haben unsere Uhren unterwegs verloren. Hast du hier denn keine?"
Heinrich: „Doch, die alte Standuhr, aber gestern Abend habe ich vergessen, sie aufzuziehen. Am besten, ihr bleibt hier und ich gehe kurz ins Dorf, kaufe noch ein paar Kleinigkeiten ein und sehe nach, wie spät es ist."

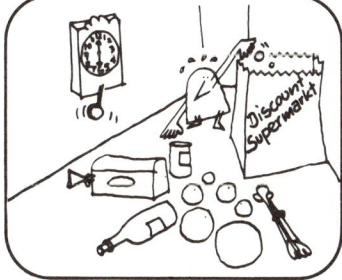

Onkel Heinrich ging ins Dorf und blieb etwa eine halbe Stunde im Laden.

Gaby: „Bist du sicher, daß das die richtige Uhrzeit ist? Du kannst es doch gar nicht wissen, ohne festzustellen, wie weit und wie schnell du gegangen bist."

Heinrich: „Ich weiß weder das eine noch das andere. Das einzige, was ich weiß, ist, daß ich meine Uhr richtig stellen kann, wenn ich ins Dorf und zurück den gleichen Weg mit der gleichen Geschwindigkeit gehe."

Angenommen, Onkel Heinrich hat seine Uhr aufgezogen, ehe er losging, und die Uhr im Laden ging richtig, woher wußte er dann die Uhrzeit, als er wieder zu Hause anlangte?

Zeitbestimmung

Folgendes aha! führt zur Lösung: Ehe er weggeht, kann Onkel Heinrich seine Uhr aufziehen und so bei seiner Rückkehr feststellen, wieviel Zeit inzwischen vergangen ist. Natürlich kann er seine Uhr nicht gleich nach dem Aufziehen richtig stellen, denn er kennt ja die korrekte Uhrzeit noch nicht, aber er merkt sich die angezeigte Zeit, ehe er seine Hütte verläßt.

Wenn er zurückkommt, sagt ihm seine Uhr, wie lange er für Hin- und Rückweg und für den Aufenthalt im Geschäft gebraucht hat. Da sich im Geschäft eine Uhr befand, weiß er, wie lange er sich dort aufgehalten hat. Diese Zeitspanne zieht er von der Zeit, die er insgesamt von zu Hause weg war (und die er auf seiner Uhr zu Hause ablesen kann) ab und erhält die Zeit, die er für Hin- und Rückweg gebraucht hat. Da er für Hin- und Rückweg den gleichen Weg benutzt hat und mit konstanter Geschwindigkeit gelaufen ist, ist die Hälfte dieser Zeit die Zeitspanne, die er für den Rückweg benötigt hat. Diese addiert er zu der Zeit, die er beim Verlassen des Geschäftes auf dessen Uhr abgelesen hat. So erhält er die richtige Zeit bei seiner Rückkehr und kann sie auf seiner Uhr zu Hause einstellen.

Folgende irreführende „Uhr"-Frage beantworten neun von zehn Leuten falsch: Wie oft zwischen 12 Uhr und 24 Uhr passiert der Minutenzeiger den Stundenzeiger? Die meisten Leute sagen 11mal, aber die richtige Antwort heißt 10mal! Wenn Sie es nicht glauben, probieren Sie es mit der eigenen Uhr aus — es stimmt.

Diese etwas überraschende Tatsache spielt beim folgenden Problem eine Rolle. Auf den ersten Blick sieht diese Aufgabe so aus, als ließe sie sich nicht ohne Hilfe algebraischer Gleichungen lösen: Gegeben ist eine Uhr mit Sekundenzeiger. Um 12 Uhr koinzidieren alle drei Zeiger. Gibt es vor 24 Uhr noch eine Zeit, wo alle drei Zeiger übereinstimmen?

Lassen Sie uns zuerst feststellen, an wievielen Stellen Stunden- und Minutenzeiger übereinstimmen. Sie denken vielleicht, es gäbe 12 solcher Stellen, aber wie wir eben gesehen haben, sind es nur 10 Stellen zwischen 12 und 24 Uhr. Mit der Übereinstimmung um 12 Uhr ergeben sich insgesamt 11 verschiedene Punkte, in denen Stunden- und Minutenzeiger über-

einstimmen. Mit derselben Schlußweise folgt, daß Sekunden- und Minutenzeiger an 59 verschiedenen Stellen übereinstimmen. Die Übereinstimmung von Stunden- und Minutenzeiger werden also durch 11 gleich große Zeitintervalle getrennt und für Minuten- und Sekundenzeiger sind es 59 gleich große Zeitintervalle.

Wenn 59 und 11 einen gemeinsamen Teiler k hätten, dann gäbe es k Punkte, an denen beide Übereinstimmungen gleichzeitig einträfen. Aber 59 und 11 haben keinen gemeinsamen Teiler (außer 1). Also gibt es keinen Zeitpunkt zwischen 12 und 24 Uhr, zu dem alle drei Zeiger koinzidieren. Mit anderen Worten, die drei Zeiger konzidieren nur um 12 Uhr und um 24 Uhr.

Nun noch zwei kleine Rätsel, mit denen Sie die meisten Ihrer Freunde hereinlegen können: Eine Uhr braucht 5 Sekunden, um 6 Uhr zu schlagen. Wie lange braucht sie, um 12 Uhr zu schlagen?

Nehmen wir an, Onkel Heinrich war so müde, daß er schon um 21 Uhr ins Bett ging. Er wollte bis morgens um 10 Uhr schlafen und stellte sich den Wecker auf 10 Uhr. 20 Minuten später war er eingeschlafen. Wie lange konnte er schlafen, bis er vom Wecker geweckt wurde?

Die Antworten zu diesen beiden Rätseln finden Sie im Anhang.

Flaschenwahl

Am letzten Tag ihres Besuchs eröffneten Klaus und Gaby ihrem Onkel Heinrich, daß sie demnächst heiraten wollten.
Heinrich: „Wunderbar, ihr Schätzchen! Das müssen wir gleich begießen."

Onkel Heinrich holte 5 Flaschen Wein, die er für besondere Gelegenheiten reserviert hatte, aber sie konnten sich nicht einigen, welche Flasche geöffnet werden sollte.

Heinrich: „Ich habe eine Idee! Wir stellen die Flaschen in eine Reihe und dann zähle ich nach meinem Glückssystem ab. Das geht so: Eins, zwei, drei, vier, fünf, . . .

sechs, sieben, acht, neun, . . .

zehn, elf, zwölf, dreizehn . . . Habt ihr verstanden wie es läuft?

Klaus: „Ja, schon, aber wie weit willst du denn zählen?" **Heinrich:** „Haben wir nicht 1981? Laßt uns bis 1981 zählen."

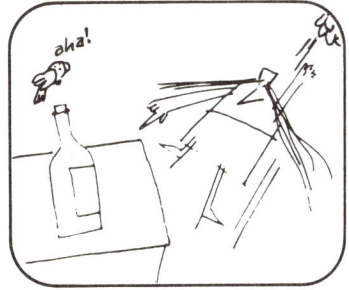

Gaby stöhnt: „Ach herrje, das wird ja ewig dauern. Hmm — warte einen Augenblick. Du mußt gar nicht bis zum Schluß zählen. Ich kann dir jetzt schon sagen, auf welche Flasche die Nummer 1981 fallen wird.

Ich habe gerade ausgerechnet, daß es die fünfte Flasche sein wird." Onkel Heinrich glaubte es nicht und zählte die Flaschen bis zum Schluß durch. Eine Viertelstunde später endete er bei der fünften Flasche.
Heinrich: „Donnerschlag! Wie bist du nur so schnell darauf gekommen, Gaby?"

Überlegen Sie sich ein einfaches Verfahren, um herauszufinden, wo das Abzählverfahren endet, egal bis zu welcher Zahl gezählt wird. Probieren Sie dann einige Varianten an ihren Freunden aus!

Kongruenzrechnung

Gabys Idee, um das langweilige Abzählen der Flaschen von 1 bis 1981 zu vermeiden, bestand in einer Anwendung dessen, was in der Mathematik Kongruenzrechnung genannt wird.

Eine Uhr ist ein gutes Modell für ein endliches Zahlensystem mit 12 Zahlen. Tatsächlich entspricht 12 der Null in dem auf 12 basierenden endlichen Zahlensystem. Nehmen wir an, es ist 12 Uhr, und Sie wollen wissen, wie spät es in 100 Stunden sein wird (im folgenden zählen wir die Zeit immer bis 12 und nicht bis 24 Uhr!). Das läßt sich einfach ausrechnen, indem man 100 durch 12 teilt und den Rest behält. Dieser Rest, 4, sagt aus, daß es dann 4 Uhr ist. Wir sind nur an dem Rest interessiert. Man sagt 100 sei gleich 4 (modulo 12), was nichts anderes besagt, als daß Rest 4 bleibt, wenn man 100 durch 12 teilt.

Sehen Sie nun, daß Onkel Heinrichs Zählmethode dieser Uhrenarithmetik äquivalent ist? Der einzige Unterschied besteht darin, daß die mittleren Flaschen *zwei* verschiedene Zahlen repräsentieren, weil sie in zwei verschiedene Richtungen gezählt werden. Die Zahl 8 landet auf der zweiten Flasche, und dann beginnt der Zyklus von vorne. Die Abzählprozedur modelliert also eine Arithmetik modulo 8.

Gaby mußte nur den Wert von 1981 (modulo 8) ausrechnen. Mit anderen Worten, sie teilte 1981 durch 8 und erhielt den Rest 5. In der Arithmetik modulo 8 ist 1981 = 5 (modulo 8) und deshalb muß das Abzählverfahren auf der fünften Flasche von dem Ende enden, bei dem mit dem Zählen begonnen wurde.

Nehmen wir an, Sie wollten wissen, wo der Abzählprozeß enden würde, wenn Onkel Heinrich bis zu einer sehr großen Zahl, sagen wir 12345678987654321 zählen würde. Ist es nötig, die gesamte Zahl durch 8 zu teilen? Nein, nicht wenn Ihnen noch ein aha! hilft: Da 1000 = 0 (modulo 8) ist, brauchen Sie nur die letzten drei Stellen, 321, durch 8 zu teilen. Sie erhalten den Rest 1. Das heißt, daß 12345678987654321 = 1 (modulo 8) ist, und das Abzählverfahren endet auf der Flasche, mit der es begann.

Durch Änderung der Zahl der Flaschen können Sie Modelle für andere endliche Zahlensysteme mit geradem Modulus konstruieren. Wenn die Flaschen wie gewöhnlich immer nur von links nach rechts gezählt werden, können Sie jedes endliche Zahlensystem, mit geradem oder auch ungeradem Modulus, modellieren.

Auch dem berühmten Problem des Josephus liegt die zyklische Zählweise zugrunde. Dieses Problem geht auf eine römische Geschichte über einen Mann namens Josephus zurück. Es gibt viel Literatur zu diesem Problem und seinen Varianten. Hier ist eine neue Version, die Sie amüsieren wird:

Es war einmal ein reicher König, der hatte eine wunderschöne Tochter mit Namen Josephine. Viele junge Männer zogen zum Schloß und hielten um ihre Hand an. Josephine aber schickte alle wieder fort, bis auf die zehn, die ihr am besten gefielen.

Etliche Monate vergingen, und der König wurde ärgerlich, da sich seine Tochter für keinen entscheiden konnte. „Liebste Tochter", sprach er zu ihr, „nächsten Monat wirst du siebzehn Jahre alt, und wie du weißt, ist es für eine Prinzessin Sitte, vor diesem Alter zu heiraten."

„Aber Vater", entgegnete Josephine, „ich bin immer noch nicht sicher, daß mir Georg der Liebste ist."

„Dann", sprach da der König, „muß diese Angelegenheit noch heute durch unser uraltes, geheimes Ritual entschieden werden."

Der König erklärte seiner Tochter das Ritual: „Die zehn Bewerber werden sich im Kreis aufstellen. Du kannst einen Mann auswählen und ihm die Nummer 1 geben. Dann mußt du im Uhrzeigersinn weiterzählen bis 17, deinem Alter. Der 17. Bewerber muß aus dem Kreis zurücktreten, und wir werden ihn reich beschenkt wieder nach Hause schicken."

„Nachdem er ausgeschieden ist, mußt du wieder bis 17 zählen und dabei mit dem nächsten Bewerber nach dem eben Ausgeschiedenen beginnen. Wieder scheidet der 17. Mann aus, und so fährst du fort, bis nur noch einer übrig bleibt. Diesen mußt du heiraten."

Josephine schaudert und sagt: „Ich bin nicht sicher, Vater, ob ich das richtig verstanden habe. Hast du etwas dagegen, wenn ich es einmal mit 10 Goldmünzen übe?"

Der König war einverstanden. Josephine ordnete zehn Goldmünzen in einem Kreis an und zählte im Uhrzeigersinn, wobei sie jede 17. Münze entfernte,

bis nur noch eine Münze übrig war. Der König sah
ihr zu und bemerkte, daß seine Tochter das Geheim-
ritual genau verstanden hatte.

Am Nachmittag desselben Tages wurden die zehn
Bewerber in den Thronsaal gebeten. Sie bildeten einen Kreis um Josephine. Ohne zu zögern, begann
diese ihre Zählung bei Parzival und zählte rasch weiter, bis nur noch Georg übrig war. Diesen, so hatte
sie schon vorher heimlich beschlossen, wollte sie heiraten.

Woher wußte Josephine, bei wem sie mit der Zählung beginnen mußte, damit schließlich der Erwählte
übrig blieb?

Als sie mit den Goldstücken übte, merkte sie sich,
daß jenes Stück, das schließlich übrig blieb, das dritte vom Startpunkt ihrer Zählung war. Als sie dann
die Bewerber zählte, begann sie so, daß Georg die
Nummer 3 bekam.

Eine interessante Verallgemeinerung des Jose-
phus-Problems läßt sich mit den 13 Pik-Karten eines
Kartenspiels modellieren. Kann man diese Karten in
eine solche Reihenfolge bringen, daß sich die folgende Josephus-Zählung durchführen läßt?

Die Zählung beginnt mit dem Stapel aus 13
Karten, die mit den Bildern nach unten gehalten werden. Nennen Sie die erste Karte 1 und drehen Sie sie
um. Es ist das Pik-As. Legen Sie diese Karte auf den
Tisch. Nun zählen Sie 1, 2 und legen die erste Karte
unten an den Stapel. Die zweite Karte wird umgedreht und es ist die Pik-Zwei. Diese legen Sie wieder
auf den Tisch. Nun zählen Sie 1, 2, 3 und legen die
ersten beiden Karten unter den Stapel. Die dritte
Karte drehen Sie um. Es ist die Pik-Drei. Diese legen
Sie wieder auf den Tisch. So fahren Sie fort, bis alle
13 Karten in richtiger Reihenfolge vom As bis zum
König auf dem Tisch liegen.

Die Karten müssen von oben nach unten so angeordnet sein, damit der Trick funktioniert: As, 8, 2,
5, 10, 3, Dame, Bube, 9, 4, 7, 6, König.

Sie vermuten vielleicht, daß jemand viele Stunden
geopfert hat, eine so trickreiche Reihenfolge zu finden. In Wahrheit gibt es dafür einen sehr einfachen
Algorithmus Viele Zauberer, die mit derartigen
Tricks arbeiten, haben in der Tat viele Stunden ver-
schwendet, ehe ein aha! die Aufgabe trivialisierte.
Versuchen Sie es herauszufinden, ehe Sie die Lösung
im Anhang nachschlagen.

Kapitel 4

Logik
aha!

In diesem Kapitel wollen wir uns nicht mit formaler Logik beschäftigen, sondern mit solchen Problemen, die allein durch Nachdenken gelöst werden können, ohne Abstecher in die Mathematik. Einige Rätsel enthalten Sätze, die den Leser von der richtigen Lösung abbringen sollen; andere basieren auf einer Wortspielerei, aber bei den meisten geht es durchaus mit rechten Dingen zu.

Logeleien dieser Art hängen dennoch mit Mathematik zusammen. Alle mathematischen Probleme werden durch Schlüsse innerhalb eines deduktiven Systems, das die Grundgesetze der Logik enthält, gelöst. Man braucht sich nicht in formaler Logik auszukennen, um die Probleme dieses Kapitels zu lösen. Doch auch das informale Schließen, das man dabei verwendet, ist der Vorgehensweise von Mathematikern und Wissenschaftlern, die mit einem ungelösten Problem konfrontiert sind, nicht unähnlich.

Ungelöst ist ein Problem, für das kein Lösungsweg bekannt ist. Steht dagegen eine Lösungsmethode zur Verfügung — wie zum Beispiel die Methode zur Lösung quadratischer Gleichungen — dann wird sie einfach angewandt: der bekannte Algorithmus liefert die Lösung.

Die interessanten und herausfordernden Probleme in Mathematik und anderen Wissenschaften sind jene, für die kein Lösungsverfahren bekannt ist. Man muß lange und hart über solche Fragen nachdenken, sein Gedächtnis nach allen relevanten Informationen durchforsten und hoffen, daß sich irgendwann ein aha! einstellt. So gesehen, ist die Beschäftigung mit Logeleien eine gute Übung zur Lösung ernsthafter Probleme.

Einige Aufgaben in diesem Kapitel sind schon ziemlich eng mit ernsthafter Mathematik verwandt. Der Tanz der Farben und die nächsten Probleme führen auf ein Lösungsschema, das bestimmten Verfahren, die in der formalen Logik angewendet werden, sehr ähnlich ist. In einem Problem kommt eine wichtige logische Relation vor, „Implikation" genannt. In der Logik wird diese Relation durch das Zeichen > symbolisiert. Die Relation A > B bedeutet: Wenn A wahr ist, dann ist auch B wahr. In der Mengenlehre wird die Aussage so interpretiert: Alle Elemente von B sind auch in A enthalten.

Das Wort „Induktion" hat zwei grundsätzlich verschiedene Bedeutungen. Wissenschaftliche Induktion bezeichnet den Übergang von wenigen Beobachtungen, beispielsweise, daß *einige* Kühe schwarz sind, zu einer allgemeinen Aussage, daß *alle* Kühe schwarz sind. Ein solcher Schluß ist nie sicher. Es besteht immer die Möglichkeit, daß wenigstens eine nicht beobachtete Kuh nicht schwarz ist.

Bei der mathematischen Induktion, die Professor Ach im Test für seine Medaille verwendet, handelt es sich um etwas ganz anderes. Zwar geht er auch hier von bestimmten Fällen zu einer Aussage über eine unendliche Folge von Fällen über, aber die Schlußweise ist deduktiv. Der Schluß ist so sicher wie irgendein anderer Beweis. Auf die Methode der mathematischen Induktion könnte kein Zweig der Mathematik verzichten.

Die meisten Aufgaben in diesem Kapitel sind nicht so seriös und auch nicht so schwierig wie das Hut-Problem. Dennoch eignen sie sich gut dazu, den Geist zu schärfen. Man lernt dabei, sorgfältig nach verbalen Fallen Ausschau zu halten und auf der Suche nach einer Lösung des Problems auch zunächst absurd anmutende Dinge in Betracht zu ziehen. Je mehr Möglichkeiten Sie untersuchen, wie bizarr sie auch sein mögen, desto wahrscheinlicher wird Ihnen der richtige Einfall kommen. Das ist eins der Geheimnisse aller kreativen Mathematik.

Der listige Taxifahrer

Diese Dame hatte das seltene Glück, ein vorbeifahrendes Taxi zu finden.

Auf der Fahrt zum Ziel nervte sie den Fahrer mit ihrem vielen Gerede.

Fahrer: „Es tut mir leid, meine Dame, aber ich verstehe kein Wort von dem, was Sie sagen. Ich bin vollkommen taub und mein Hörgerät hat schon den ganzen Tag lang nicht funktioniert."

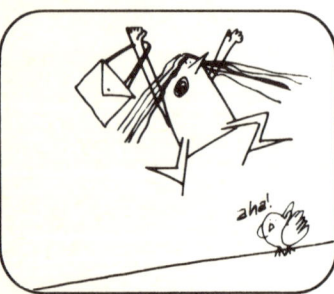

Als die Dame das vernahm, hörte sie auf zu quasseln. Aber als sie das Taxi verlassen hatte, fiel ihr plötzlich auf, daß der Taxifahrer gelogen haben mußte. Wie kam sie darauf?

99

Die aufmerksame Dame

Die Geschichte mit der Dame im Taxi ist typisch für
viele Situationen, die nicht nur im täglichen Leben
auftreten können, sondern auch in der Wissenschaft. Wir befinden uns in einer verwirrenden Situation, die wir nicht sofort durchschauen, aber
wenn wir alle Faktoren sorgfältig überdenken, fällt
es uns wie Schuppen von den Augen und ein anfangs
übersehener Tatbestand liefert den Schlüssel zur Lösung.

Wenn Sie die Taxi-Geschichte nicht auf Anhieb
durchschauen, dann müssen Sie versuchen, sich in
die Lage der Dame zu versetzen. Gehen Sie die ganze
Folge der Ereignisse durch! Was tun Sie als erstes,
wenn Sie ein Taxi bestiegen haben? Sie sagen dem
Taxifahrer, wohin er Sie bringen soll. Wie aber soll
ein Fahrer das verstehen, der taub ist? Als sie das
Taxi verlassen hatte, merkte die Dame, daß der Fahrer ja gar nicht taub sein konnte, da er sie ans richtige Ziel gebracht hatte.

Logeleien, die von realen Situationen ausgehen,
sind häufig nicht wohldefiniert. Oft muß man zur
Lösung eine Reihe zusätzlicher Annahmen machen.
Die Taxigeschichte bildet in dieser Hinsicht keine
Ausnahme. Warum könnte der Taxifahrer der Dame
den gewünschten Zielort nicht auch von den Lippen
abgelesen haben?

Eine Folge von Ereignissen sorgfältig von allen
Seiten zu analysieren, hat schon oft zu wichtigen wis-
senschaftlichen Entdeckungen geführt. Ein schönes
Beispiel war die Lösung des Rätsels, woher Arbeits-
bienen den Weg zu einer Futterquelle wissen, der von
einer anderen, zum Bienenstock zurückgekehrten
Arbeitsbiene entdeckt wurde. Karl von Frisch beobachtete, daß die zurückgekehrte Biene im Bienenstock einen merkwürdigen Tanz aufführt. Konnte es
sein, daß durch die Art des Tanzes den anderen Bienen die Lage der Futterquelle mitgeteilt wurde? Von
Frisch wies durch eine Reihe hervorragend angeleg-
ter Experimente nach, daß es tatsächlich so ist.

Hier folgen noch zwei Taxi-Geschichten: Ein Taxi
nahm am Waldorf-Hotel in New York City einen
Fahrgast auf. Er wollte zum John-F.-Kennedy-Flug-
hafen. Es herrschte dichter Verkehr und die Durch-
schnittsgeschwindigkeit des Taxis betrug nur
30 km/h. Insgesamt benötigte das Taxi für die Strecke
80 Minuten und der Fahrgast zahlte den entsprechenden Betrag. Am Flughafen stieg ein neuer Fahrgast ein, der zufällig zum Waldorf-Hotel wollte. Der
Taxifahrer fuhr die gleiche Strecke zurück, und zwar
mit der gleichen durchschnittlichen Geschwindigkeit
wie beim Hinweg. Dieses Mal aber dauerte die Fahrt
eine Stunde und zwanzig Minuten. Können Sie sich
das erklären?

Bei den meisten Leuten dauert es eine Weile, ehe
sie merken, daß 80 Minuten genauso lange ist wie
eine Stunde und 20 Minuten. Stellen Sie die Frage
doch mal Ihren Freunden. Jetzt noch die letzte Taxi-
Geschichte:

Angenommen, Sie sind Taxifahrer. Ihr Taxi ist
gelb-schwarz und seit sieben Jahren im Gebrauch.
Ein Scheibenwischer ist abgebrochen und die Ventile
müssen nachgestellt werden. Der Tank faßt 50 Liter,
ist aber nur dreiviertel voll. Wie alt ist der Taxifahrer?

Bei dieser Geschichte ist der Schwindel noch größer als bei der letzten, aber auch sie ist logisch vollkommen konsistent. Im ersten Satz wurde angenommen, daß *Sie* der Taxifahrer sind. Der Taxifahrer ist
so alt wie *Sie*!

Tanz der Farben

Als nächste nahm das Taxi drei junge Paare auf und brachte sie zu einer Diskothek. Ein Mädchen war rot gekleidet, eins grün und eins blau. Auch die Jungen trugen diese drei Farben.

Nun bleibt für das Mädchen in Rot nur noch der Junge in Grün. Damit ist unser Problem gelöst.

Bald bewegten sich alle drei Paare auf der Tanzfläche. Der Junge in Rot tanzte zu dem Mädchen in Grün hinüber und sagte: „Ist das nicht merkwürdig; keiner von uns tanzt mit einem Partner, der die gleiche Farbe trägt wie er selbst!"

▥ Blau
■ Rot
▦ Grün

Können Sie aus dieser Information schließen, wer der Partner des rot gekleideten Mädchens war?

Der Junge in Rot muß mit dem blau gekleideten Mädchen tanzen. Seine Partnerin kann nicht Rot tragen, sonst würden ja beide zusammenpassen. Sie kann auch nicht grün tragen, denn der Junge in Rot sprach mit dem Mädchen in Grün, als es mit einem anderen tanzte.

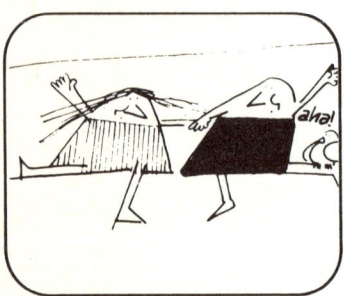

Dasselbe Argument zeigt, daß das grün gekleidete Mädchen weder zu dem Jungen in Rot noch zu dem in Grün gehören kann. Sie tanzt also mit dem Jungen in Blau.

Umstrittene Farben

Viele Leute haben Schwierigkeiten, der Argumentation bei der Lösung dieser Aufgabe zu folgen. Es wird sich bei keinem ein aha! einstellen, ehe er ganz verstanden hat, was genau die gegebenen Informationen besagen. Ein gutes Verfahren, sie zu ordnen, besteht darin, eine quadratische Matrix folgenden Typs aufzustellen:

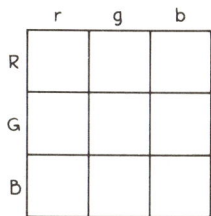

Die Großbuchstaben am linken Rand der Matrix stehen für die Farben der Jungen: R = Rot, G = Grün, B = Blau. Die kleinen Buchstaben an der Oberkante der Matrix stehen entsprechend für die Farben der Mädchen.

Uns wird gesagt, daß kein Junge mit einem Mädchen gleicher Farbe tanzt. Wir können daher drei mögliche Kombinationen eliminieren: Rr, Gg und Bb. In unserer Matrix färben wir die entsprechenden Felder:

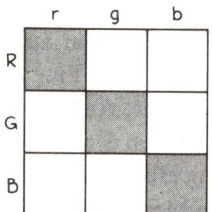

Da der Junge in Rot nicht mit dem Mädchen in grün tanzte, können wir die Kombination Rg eliminieren. Nun bleibt in der R-Zeile nur noch eine Möglichkeit, also tanzt der Junge in Rot mit dem Mädchen in blau. Wir markieren also das Feld Rb mit einem Haken. Unsere Matrix sieht jetzt so aus:

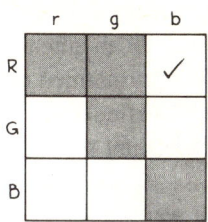

Da wir nun wissen, daß das Mädchen in blau zu dem Jungen in Rot gehört, kann sie nicht noch zu einem anderen Jungen gehören. Wir können also das Feld Gb färben. In der G-Zeile ist jetzt nur noch das Feld Gr frei. Also gehört der Junge in Grün zu dem Mädchen in rot. Wir setzen dementsprechend einen Haken in das Feld Gr:

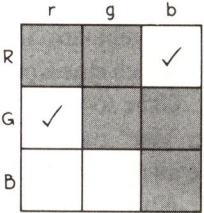

Da das rote Mädchen zu dem Jungen in grün gehört, kann sie nicht noch zu einem anderen Jungen gehören. Wir können also das Feld Br färben. Nun ist nur noch das Feld Bg übrig, also gehört der Junge in Blau zu dem Mädchen in grün. Das Feld Bg bekommt einen Haken und das Problem ist damit gelöst.

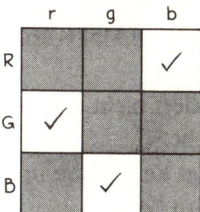

Nun ein schwierigeres Problem vom selben Typ. Nur wenige Leute können es ohne Hilfe einer Matrix lösen:

Paul, John und George sind drei Rockstars. Einer spielt Gitarre, einer Schlagzeug und einer Klavier.

Der Schlagzeuger versucht, den Gitarristen für eine Plattenaufnahme anzuheuern, muß aber erfahren, daß sich dieser zusammen mit dem Pianisten auf einer Konzertreise befindet.

1. Der Pianist bekommt mehr Gage als der Schlagzeuger.
2. Paul verdient weniger als John.
3. George hat noch nie etwas von John gehört.
4. Wer spielt welches Instrument?

Versuchen Sie, eine 3 x 3-Matrix aufzustellen und dann, wie oben, alle unmöglichen Fälle zu eliminieren. Wenn Sie alles richtig machen, erhalten Sie die folgende richtige Antwort: Paul spielt Gitarre, John Schlagzeug und George Klavier.

Das Lösen logischer Probleme mit Hilfe einer solchen Tabelle ähnelt der Benutzung von Venn-Diagrammen in der formalen Logik. In beiden Fällen erhält man die Lösung durch fortgesetztes Ausschließen unmöglicher Kombinationen von „Wahrheitswerten", bis schließlich eine Kombination, die richtige, übrig bleibt. Ganz so wie Sherlock Holmes in „Im Zeichen der Vier" zu Watson sagt: „Wenn Sie das Unmögliche ausgeschlossen haben, dann muß das, was übrig bleibt, so unwahrscheinlich es auch sein mag, die Wahrheit sein."

Das folgende Problem stellt etwas größere Anforderungen als die vorhergehenden. Es wird Sie mit einer wichtigen zweistelligen Operation in der formalen Logik bekannt machen, der sogenannten Implikation. Dabei handelt es sich um eine Aussage der Form: „Wenn . . ., dann . . .".

Vier Studentinnen leben in einer gemeinsamen Wohnung. Auf dem Plattenspieler läuft die neueste Scheibe, während eine ihre Nägel lackiert, eine ihre Haare aufsteckt, eine Make-up auflegt und eine ein Buch liest.

1. Gundula lackiert nicht ihre Fingernägel und sie liest auch nicht.
2. Christiane legt kein Make-up auf und lackiert auch nicht ihre Nägel.
3. Wenn Gundula nicht Make-up auflegt, dann lackiert Marion nicht ihre Fingernägel.
4. Liliane liest nicht und sie lackiert auch nicht ihre Nägel.
5. Marion liest nicht und legt auch kein Make-up auf.

Welches Mädchen macht was?

Beim Erstellen einer 4 × 4-Matrix für die vier Mädchen und die vier Tätigkeiten sollten Sie keine Probleme haben. Die Aussagen 1, 2, 4 und 5 eliminieren jeweils zwei Felder.

Die dritte Aussage ist die Implikation. Dort heißt es, *wenn* Gundula nicht Make-up auflegt, *dann* lackiert Marion nicht ihre Fingernägel. Wir wollen A schreiben für den „wenn"-Teil und B für den „dann"-Teil. Die zweistellige „wenn-dann" Relation sagt uns, daß die Wahrheit von A nicht mit der Falschheit von B kombiniert werden kann, aber sie sagt uns nichts über den Wahrheitswert von B, wenn A falsch ist.

Die dritte Aussage erlaubt uns also die folgenden Kombinationen:

1. Gundula legt kein Make-up auf, und Marion lackiert nicht ihre Fingernägel.
2. Gundula legt Make-up auf, und Marion lackiert nicht ihre Fingernägel.
3. Gundula legt Make-up auf, und Marion lackiert ihre Fingernägel.

Nachdem Sie mit Hilfe der Aussagen 1, 2, 4 und 5 acht unmögliche Kombinationen durch Färbung der entsprechenden Felder eliminiert haben, müssen Sie die drei durch die dritte Aussage gegebenen Kombinationen durchprobieren. Zwei davon führen zu Widersprüchen, das heißt, zwei Mädchen machen das gleiche. Nur die Möglichkeit „Gundula legt Make-up auf, und Marion lackiert ihre Fingernägel" ist mit den Informationen aus den vier anderen Aussagen verträglich. Als Lösung erhalten Sie dann:

Gundula legt Make-up auf.

Christiane liest.

Liliane steckt ihr Haar auf.

Marion lackiert ihre Fingernägel.

Es ist nicht schwer, Aufgaben dieser Art zu erfinden. Vielleicht wollen Sie es selbst einmal probieren. Zu ihrer Lösung gibt es viele verschiedene Methoden — algebraische Methoden, graphentheoretische Methoden, verschiedene Arten logischer Diagramme und andere Verfahren. Vielleicht können Sie sich selbst eine neue Methode ausdenken, die ebenso gut ist oder sogar besser, als die hier beschriebene.

Discogeflüster mit Fallen

Als die Musik Pause machte, gingen unsere sechs Freunde an den Tisch zurück und unterhielten sich, indem sie sich gegenseitig Rätsel aufgaben. Wieviele davon bekommen Sie heraus?

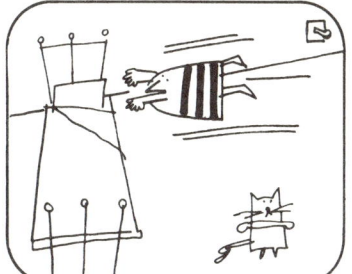

Der rot gekleidete Junge begann:
Jürgen: „Letzte Woche schaltete ich das Licht in meinem Schlafzimmer aus und es gelang mir, ins Bett zu kommen, ehe es im Zimmer dunkel wurde. Das Bett ist drei Meter vom Lichtschalter entfernt. Wie habe ich das angestellt?"

Der blau gekleidete Junge sagte:
Henry: „Immer wenn mich meine Tante besucht, steigt sie fünf Stockwerke zu früh aus dem Fahrstuhl und geht den Rest zu Fuß. Warum wohl?"

Der Junge in Grün fragte:
Rainer: „Welches allgemein bekannte Wort beginnt mit „IR", endet auf „UM" und hat die Buchstaben „RT" in der Mitte?"

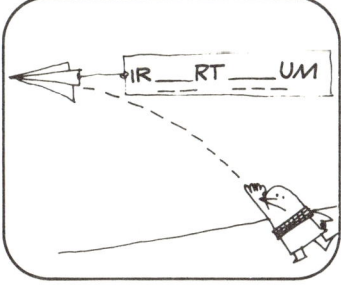

Das rot gekleidete Mädchen stellte die nächste Frage:
Sabine: „Eines Abends las mein Onkel ein spannendes Buch. Plötzlich schaltete seine Frau das Licht aus und das Zimmer war vollständig dunkel. Trotzdem las er weiter. Wie konnte er das?"

Dann kam das Mädchen in Grün an die Reihe:
Andrea: „Heute morgen fiel mir einer meiner Ohrringe in den Kaffee. Obwohl meine Tasse voll war, wurde er nicht naß. Wie kam das?"

Schließlich stellte auch das Mädchen in Blau noch eine Frage:
Uschi: „Gestern wurde mein Vater ohne Hut und Schirm vom Regen überrascht. Er trug nichts auf dem Kopf und seine Kleidung wurde ganz durchnäßt. Trotzdem wurden seine Haare nicht naß. Warum wohl?"

Wie man Fallen vermeidet

In jedem der sechs Rätsel steckt weit mehr als nur ein Scherz. Man kann aus ihnen lernen, keine unnötige Annahme zu machen und jede Möglichkeit zu betrachten, so ausgefallen und unwahrscheinlich sie auch sein mag. Einige der größten Revolutionen in der Wissenschaft hätten niemals stattgefunden, wenn nicht immer wieder große Geister Annahmen in Frage gestellt hätten, die die anderen für selbstverständlich hielten, und Möglichkeiten betrachtet hätten, die ihre Kollegen für verrückt hielten. So kam Kopernikus darauf, daß die Sonne (und nicht die Erde) im Mittelpunkt des Sonnensystems steht. Darwin fand, daß die Menschen sich aus niederen Tieren entwickelt haben, und Einstein erkannte, daß die Struktur des Raumes nicht unbedingt mit der euklidischen Geometrie verträglich sein muß.

Hier folgen die Lösungen zu unseren sechs kleinen Rätseln:

1. Fast jeder macht die überflüssige Annahme, das Geschehen habe sich zur Nachtzeit abgespielt. Das wurde aber nicht gesagt. Das Zimmer wurde nicht dunkel, weil es hellichter Tag war.
2. Die falsche Annahme ist hier, daß die Tante normale Größe hatte. Tatsächlich handelt es sich aber um eine kleinwüchsige Frau, die die oberen Knöpfe nicht erreichen konnte.
3. Die falsche Annahme besteht darin, daß sich zwischen den drei Buchstabenpaaren noch andere Buchstaben befinden. Das Wort heißt IRRTUM.
4. Die falsche Annahme besteht darin, daß man nur mit den Augen lesen kann. Der Mann las ein Buch in Blindenschrift.
5. Hier besteht die falsche Annahme in dem Glauben, es habe sich um flüssigen Kaffee gehandelt. Der Ohrring fiel in Pulverkaffee und wurde so natürlich nicht naß.
6. Hier ist die Annahme falsch, der Vater habe Haare auf dem Kopf gehabt. Er hatte jedoch eine Glatze, also konnte er keine nassen Haare bekommen.

Es gibt Hunderte solcher amüsanten Rätsel, die alle auf der gleichen Grundidee basieren: Der Leser soll irregeführt werden und falsche Annahmen machen, die ihm den Weg zur richtigen Lösung verstellen. Es folgen fünf Beispiele:

1. Ein Mann fand eine tote Fliege in seiner Suppe. Der Ober entschuldigte sich, trug die Suppe in die Küche und kam mit einer scheinbar neuen Suppe zurück. Einen Augenblick später rief der Mann den Ober wieder zu sich: „Das ist die gleiche Suppe, die ich eben hatte", schrie er aufgebracht. Woher wußte er das?
2. Der Ozeanriese lag vor Anker, doch Frau Schröder fühlte sich zu seekrank, um ihre Kabine zu verlassen. Mittags befand sich das Bullauge neben ihrem Bett, genau 7 Meter über der Wasseroberfläche. Die Flut ließ den Wasserspiegel mit einer Geschwindigkeit von einem Meter pro Stunde ansteigen. Wie lange dauert es, bis das Wasser das Bullauge erreicht, wenn wir annehmen, daß sich die Geschwindigkeit jede Stunde verdoppelt?
3. Der Pfarrer Solo Seleno kündigte an, er werde an einem bestimmten Tag, zu einer bestimmten Stunde ein großes Wunder vollziehen: Er werde zwanzig Minuten über den Wassern des Luganer Sees wandeln, ohne zu versinken. Am angekündigten Tag versammelte sich eine große Menschenmenge, um das Wunder mitzuerleben. Der Pfarrer tat genau, was er gesagt hatte. Wie ging das zu?
4. Eine Eisenbahnstrecke ist zweigleisig bis auf ein kurzes Stück in einem Tunnel. Der Tunnel ist zu schmal um beide Gleise aufzunehmen. Deshalb werden die Schienen kurz vor dem Tunnel zu einem Gleis zusammengeführt und laufen nach dem Tunnel wieder auseinander.
Eines Nachmittags fuhr ein Zug aus einer Richtung in den Tunnel ein, und ein anderer aus der anderen Richtung. Beide Züge bewegten sich mit Höchstgeschwindigkeit und trotzdem gab es keinen Zusammenstoß. Erklären Sie das!
5. Ein entsprungener Häftling lief eine Landstraße entlang, als er plötzlich ein Polizeiauto bemerkte, das auf ihn zukam. Ehe er sich seitwärts in die Büsche schlug, lief er dem Auto noch 10 Meter entgegen. Zeigte er damit nur seine Verachtung für die Polizei, oder hatte er einen besseren Grund?

Die Antworten zu diesen Rätseln finden Sie im Anhang, aber schauen Sie nicht nach, ehe Sie sich wirklich um die Lösungen bemüht haben.

Das Meisterstück

105

Am nächsten Tag, als der Kellner der Diskothek zur Arbeit kam, hörte er schon von weitem Rufe vom Dachboden.

Er stürzte hinauf und fand den Manager, wie er mit einem Seil um den Bauch an einem Dachbalken hing. **Manager:** „Schnell, hol' mich runter und rufe die Polizei. Man hat uns überfallen!"

Der Manager erzählte der Polizei seine Geschichte: **Manager:** „Letzte Nacht, wir hatten schon geschlossen, kamen zwei Einbrecher in die Disco und nahmen die Abendkasse mit. Dann zerrten sie mich auf den Dachboden und banden mich an den Balken."

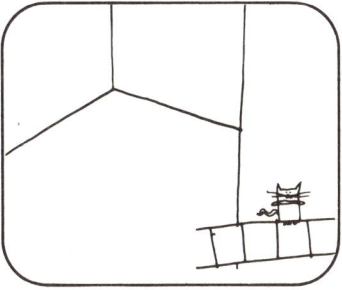

Die Polizei schenkte seiner Geschichte Glauben, denn der Dachboden war vollständig ausgeräumt. Er konnte sich nicht alleine an den hohen Balken gebunden haben, denn es gab nichts, worauf er hätte stehen können. Die Trittleiter, die von den Dieben benutzt worden war, stand außen hinter der Tür.

Ein paar Wochen später wurde der Manager wegen Betrugs verhaftet. Können Sie herausfinden, wie er es angestellt hatte, sich freischwebend ohne fremde Hilfe an den Balken zu binden?

Er benutzte die Leiter, um das eine Seilende am Balken zu befestigen. Dann trug er die Leiter aus der Halle heraus.

Er kam mit einem riesigen Eisblock zurück, den er sich in der Gefriertruhe hergestellt hatte.

Er stellte sich auf den Eisblock, band das Seil um seine Hüfte und wartete.

Als der Kellner ihn am nächsten Tag fand, war das Eis geschmolzen und er hing frei in der Luft. Ganz schön schlau, nicht wahr?!

Fehlende Beweise

Viele Krimis basieren auf ähnlichen Tricks. Dem Detektiv verhilft meist ein Geistesblitz zur unerwarteten Lösung. Besonders in älteren Geschichten kommt schmelzendes Eis recht häufig vor. Beispielsweise wird das Opfer erstochen aufgefunden und die unauffindbare Mordwaffe entpuppt sich dann als Eisstück mit spitzem Zacken. Oder ein Mann wird ermordet in einem von innen verschlossenen Raum aufgefunden. Da wurde ein Riegel zunächst mit einem Eisstück offengehalten; als das Eis geschmolzen war, schnappte der Riegel ein.

Eine klassische Kriminalgeschichte ist „Das Problem der Brücke von Thar", von Conan Doyle. Eine Frau wird erschossen auf einer steinernen Brücke aufgefunden, die auf beiden Seiten von einer Mauer begrenzt wird. Von der Mordwaffe fehlt jede Spur, aber Sherlock Holmes kommt darauf, wie die Frau Selbstmord begangen haben und wo die Waffe geblieben sein könnte.

Sie hatte an der Pistole eine Schnur und an deren anderem Ende einen schweren Stein befestigt, und den Stein über die Brückenmauer geworfen. Nachdem sie sich erschossen hatte, zog der Stein die Pistole über die Mauer hinüber ins Wasser.

Holmes' Lösung dieses Rätsels ist, wie so oft bei ihm, ein ausgezeichnetes Beispiel für wissenschaftliches Arbeiten. Zunächst entwickelt er eine *Theorie,* die das Verschwinden der Waffe erklärt. Dann leitet er aus dieser Theorie Voraussagen ab — nämlich, daß der Aufschlag der Pistole auf die Brückenmauer Spuren hinterlassen hat. Dann findet er tatsächlich solche Spuren. Schließlich denkt er sich eine Methode aus, um die Richtigkeit seiner Theorie weiter abzusichern. Er bindet einen Stein an ein Ende einer Schnur und deren anderes Ende an Watsons Revolver. Um den Selbstmord zu simulieren, stellt er sich an die Stelle, wo die Leiche gefunden wurde und läßt den Revolver los. Als er nun entdeckt, daß der Revolver eine Kerbe in der Mauer hinterläßt, die genauso aussieht wie die erste, findet er seine Theorie hinreichend gesichert.

Genauso werden in der Wissenschaft Probleme gelöst. Zunächst wird eine Theorie aufgestellt, dann werden deduktiv praktische Konsequenzen abgeleitet und dann wird die Richtigkeit dieser Konsequenzen untersucht und die Theorie durch Experimente überprüft.

Nun folgt ein Kurzkrimi, dessen Geheimnis sich ebenfalls mit einer klugen Theorie lüften läßt: Herr Schmidt wird mit einer Kugel im Kopf in seinem Büro aufgefunden. Sein Oberkörper liegt auf dem Schreibtisch. Der Detektiv Mark Knochen bemerkt ein Tonbandgerät auf dem Schreibtisch. Er drückte den Startknopf und ist überrascht, Herrn Schmidts Stimme zu hören:

„Hier spricht Schmidt. Müller hat mich gerade angerufen und angedroht, herzukommen und mich umzubringen. Ich werde nicht versuchen, abzuhauen. Wenn er seine Drohung wahr macht, bin ich in 10 Minuten ein toter Mann. Diese Aufzeichnung wird der Polizei einen Hinweis auf meinen Mörder geben. Ich höre jetzt Schritte auf dem Gang. Die Tür öffnet sich . . ."

Dann gab es ein Knacken, das Zeichen, daß Schmidt das Gerät ausgeschaltet hatte.

„Soll ich Müller festnehmen lassen?" fragt Wachtmeisterin Sabine Waffenschmied, Knochens Assistentin.

„Nein", sagte Knochen, „ich bin überzeugt, daß jemand anderes, der Schmidt gut imitieren kann, diese Aufnahme gemacht hat, um den Verdacht auf Müller zu lenken."

Später stellte sich heraus, daß Knochen recht hatte. Können Sie sich denken, wie er darauf kam, daß die Aufzeichnung nicht echt war? Im Zweifelsfalle finden Sie die Antwort im Anhang.

Die Tests des Professors Ach

Die Polizei hätte den Fall nie ohne Hilfe von Professor Ach lösen können, der das wichtige Werk „Fundamentale Einführung zum Entwurf einer Elementartheorie über die ersten Stufen der Intuition mit Tests" in 15 Bänden verfaßt hatte. Die Intuition nannte er „aha!" und die Phänomene „ach".

In einem der Tests kamen zwei lange Bindfäden vor, die von der Decke eines leeren Raumes hingen.

Prof. Ach: „Diese beiden Fäden sind so weit voneinander entfernt, daß man, wenn man das Ende des einen Fadens festhält, das Ende des anderen Fadens nicht greifen kann.

Das Problem besteht darin, die Enden der Fäden miteinander zu verknoten. Dabei darf nichts anderes als eine Schere verwendet werden." Würden Sie diesen Test bestehen?

Prof. Ach: „Bei einem anderen meiner Lieblings-Tests steht eine volle, geöffnete Bierflasche in der Mitte eines kleinen, orientalischen Teppichs. Das Problem besteht darin, den Teppich unter dem Bier wegzuziehen.

Die Flasche darf mit keinem Körperteil oder irgend etwas anderem berührt werden, und natürlich darf kein Bier verschüttet werden." Wenn Sie diesen Test nicht bestanden haben, dann kommen Sie vielleicht mit dem nächsten besser zurecht:

Prof. Ach: „Für meinen letzten Test brauchen Sie ein Stück Zeitungspapier. Stellen Sie sich zusammen mit einem Freund so darauf, daß Sie einander nicht berühren können. Selbstverständlich dürfen Sie nicht von der Zeitung heruntertreten." Das ist Ihre letzte Chance, einen von Prof. Achs Tests zu lösen.

Prof. Ach liebt diesen Test nicht sehr, denn eine Schülerin forderte ihn dabei mit einer Gegenfrage heraus: **Schülerin:** „Nun gut, Prof. Ach, versuchen Sie, einen Tennisball so zu werfen, daß er sich eine kurze Strecke bewegt, zum Stillstand kommt, seine Bewegungsrichtung umkehrt und zurückfliegt."

Prof. Ach: „Darf ich den Ball irgendwo dagegen werfen?" Schülerin: „Nein, das ist nicht erlaubt. Sie dürfen ihn auch nicht mit irgendeinem Gegenstand schlagen oder ihn an etwas anbinden."

Als Prof. Ach aufgegeben hatte, überraschte ihn das Mädchen, indem sie genau tat, was sie gesagt hatte. **Prof. Ach:** „Ach, warum bin ich denn darauf nicht gekommen?!" Was hatte er nicht bedacht?

Professor Achs Antworten

Professor Achs Fäden: Sie denken vielleicht, man könnte sich ja an einen der Fäden hängen und wie Tarzan schwingen, um, wie auf der Abbildung dargestellt, den anderen Faden zu erreichen. Das geht aber aus zwei Gründen nicht: erstens ist der Faden zu schwach, um einen Menschen zu tragen; zweitens würde man den anderen Faden doch nicht erreichen. Die Abbildung enthält jedoch einen guten Hinweis auf die Lösung.

Wenn Sie die Schere ans Ende des einen Fadens binden, können Sie diesen wie ein Pendel schwingen lassen. Dann ziehen Sie das Ende des anderen Fadens so nahe wie möglich an das schwingende Pendel und ergreifen die Schere, wenn sie Ihnen am nächsten ist.

Man braucht zwei Einfälle zur Lösung des Problems: Die Fäden schwingen zu lassen und eine Schere zu einem Zweck zu verwenden, für den sie eigentlich nicht gedacht ist. Psychologen benutzen den Ausdruck „funktionelle Fixiertheit" für die Schwierigkeit vieler Leute, Vorrichtungen oder Gegenstände auf ungewöhnliche Weise zu verwenden. Sie denken nur daran, daß man mit der Schere die Fäden zerschneiden kann. Das aber bringt Sie der Lösung hier nicht näher.

Professor Achs Teppich: Die Flasche darf mit keinem Körperteil oder irgend etwas anderem berührt werden. Da die Flasche den Teppich schon berührt, kann man vielleicht diesen zur Lösung der Aufgabe benützen.

In der Tat, Sie brauchen nur an einem Ende anzufangen, ihn aufzurollen. Wenn Sie an die Flasche gelangen, rollen Sie langsam mit beiden Händen weiter. Die Rolle wird die Flasche vom Teppich schieben, ohne daß sie umfällt.

Wie im Fall mit der Schere hindert auch hier wieder die funktionelle Fixiertheit daran, die Lösung sogleich zu finden. Man denkt an einen Teppich als Bodenbedeckung und nicht als etwas zum Schieben von Gegenständen.

Professor Achs Zeitung: Schieben Sie die Zeitung einfach halb unter einer Türritze durch! Der Junge stellt sich dann auf die eine Seite und das Mädchen auf die andere. Sie können sich nicht berühren, da die Tür dazwischen ist.

Der Tennisball: Der gedankliche Block liegt hier in der Annahme, der Ball müsse horizontal geworfen werden, aber das wurde ja nicht verlangt. Man wirft den Ball einfach senkrecht nach oben!

Weitere Aufgaben: Nun folgen fünf weitere Aufgaben, die Ihnen und Ihren Freunden Spaß machen werden. Versuchen Sie aber erst, die Lösung selbst zu finden, ehe Sie die Antworten nachlesen!

1. Können Sie ein flaches Streichholz aus einer Höhe von ungefähr einem Meter so fallen lassen, daß es auf einer seiner Kanten liegenbleibt?

2. Einige Arbeiter mischen Beton und gießen das Fundament eines Gebäudes. Im fertigen Teil sind enge, 2 Meter tiefe, rechteckige Schächte eingelassen. Dort hinein ist ein Volgeljunges gefallen. Der Schacht ist zu schmal, als daß man mit der Hand hineinreichen könnte; außerdem sitzt das Junge zu weit unten. Beim Versuch, es mit Hilfe von zwei Stöcken herauszuholen, würde man es verletzen. Können Sie sich eine einfache Methode denken, den jungen Vogel zu retten?

3. Binden Sie ein Ende eines etwa 2 m langen Fadens an den Henkel einer Kaffeetasse. Das andere Ende binden Sie an einen Haken an der Decke, so daß die Tasse frei hängt. Das Problem besteht darin, den Faden in der Mitte durchzuschneiden, ohne daß die Tasse auf den Boden fällt. Niemand darf die Tasse oder den Faden festhalten, während geschnitten wird.

4. In einer kleinen Staumauer fehlt ein Stein. Durch das rechteckige Loch mit den Abmessungen 5 Zentimeter mal 20 Zentimeter ergießt sich Wasser. Der Mann, der den Schaden entdeckt hat, führt eine Säge und einen zylindrischen Holzstab von 50 Millimeter Durchmesser mit sich. Wie sollte er den Stab zersägen, damit er das Loch möglichst gut verschließen kann?

5. Eine Weinflasche hat im unteren Teil die Form eines Zylinders. Dieser Teil macht 3/4 der Flaschenhöhe aus. Das obere Viertel besitzt eine unregelmäßige Form. Die Flasche ist bis zur halben Höhe gefüllt und verschlossen. Wie kann man, ohne die Flasche zu öffnen, nur mit Hilfe eines Lineals feststellen, wieviel Prozent des Flaschenvolumens mit Wein gefüllt ist?

Die Antworten zu diesen Problemen finden Sie, wie gesagt, im Anhang.

Die Ach-Medaille

Am Ende eines jeden Kurses im Ach-Denken zeichnete Prof. Ach seinen besten Schüler mit einer besonderen Medaille aus. In einem Jahr standen drei gleich gute Schüler zur Auswahl.

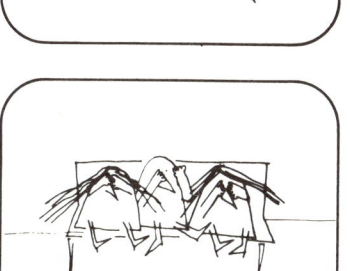

Prof Ach dachte sich einen besonderen Test aus, um die Entscheidung herbeizuführen. Er ließ alle drei auf einer Bank Platz nehmen und bat sie, die Augen zu schließen.

Prof. Ach: „Ich setze jetzt jedem von euch einen roten oder einen blauen Hut auf. Ihr dürft eure Augen aber nicht öffnen, ehe ich euch Bescheid sage."

Prof. Ach setzte jedem einen roten Hut auf.
Prof. Ach: „Nun öffnet die Augen. Jeder, der einen roten Hut auf einem der Köpfe sieht, hebe die Hand. Der erste, der mir die Farbe seines Hutes nennen kann, bekommt die Medaille."

Natürlich hoben alle drei die Hand, aber es vergingen mehrere Minuten, bis Sebastian aufsprang und rief: „Ach, ich weiß, mein Hut ist rot!"

Sebastian: „Wäre mein Hut blau, dann hätte Susanne sofort gewußt, daß Ihr Hut rot ist, denn das wäre die einzige Erklärung für Barbaras erhobene Hand.

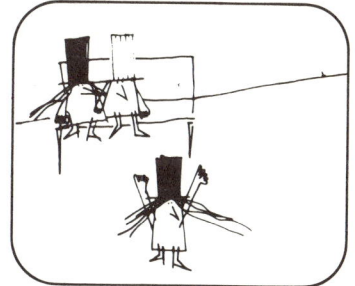

Natürlich würde Barbara genauso denken. Sie wüßte, daß ihr Hut rot ist, denn das wäre die einzige Erklärung für Susannes erhobene Hand.

Da aber keines der beiden Mädchen ihre Hutfarbe nennen konnte, müssen sie auch auf meinem Kopf einen roten Hut gesehen haben."

Diese klassische Logik-Aufgabe ist leicht zu verstehen, wenn nur drei Personen vorkommen. Nehmen wir nun an, wir hätten vier Personen und alle bekommen rote Hüte. Können Sie sich vorstellen, was geschehen würde?

▥ Blau

■ Rot

▩ Grün

Induktives Farbendenken

Der Übergang von drei zu vier Personen und die anschließende Verallgemeinerung auf jede beliebige Anzahl von Personen ist eine hervorragende Einführung in eine wichtige mathematische Beweistechnik, die „mathematische Induktion". Diese Technik läßt sich nur dann anwenden, wenn eine Anzahl Aussagen vorliegen, die sich ordnen lassen wie Sprossen einer Leiter. Zunächst wird gezeigt, daß jede Aussage wahr ist, wenn die vorhergehende Aussage wahr ist. Wenn dann die erste Aussage wahr ist, so sind alle Aussagen wahr. Kann man die erste Sprosse der Leiter besteigen, so kann man bis ans Ende klettern oder, wenn man auf einer höheren Sprosse beginnt, kann man ganz nach oben oder ganz nach unten gelangen.

Nehmen wir an, wir haben vier Personen mit roten Hüten auf ihren Köpfen. Alle heben die Hand. Nehmen wir nun an, eine Person erfährt ein aha! Sie schließt dann folgendermaßen:

„Angenommen, mein Hut ist blau. Die anderen drei sehen, daß mein Hut blau ist. Jeder von Ihnen sieht dann zwei rote Hüte und fragt sich, was für eine Farbe er selber trägt. Das aber ist genau die gleiche Situation wie im vorhergehenden Problem, als nur drei Personen im Spiel waren. Eine Person wird also schließlich herausbekommen, daß ihr Hut rot ist."

„Nehmen wir nun an, daß genügend Zeit für eine solche Überlegung verstrichen ist; aber offenbar hat sie keiner angestellt. Dafür kann es nur einen Grund geben, nämlich den, daß die anderen auch auf meinem Kopf einen roten Hut sehen. Meine ursprüngliche Annahme war dennoch falsch. Also trage ich einen roten Hut."

Diese Überlegung läßt sich auf n Personen verallgemeinern. Bei fünf Personen mit roten Hüten wird der Schlaueste vier rote Hüte sehen und schließen, daß nach hinreichend langer Zeit eine der anderen vier Personen obige Überlegung angestellt haben würde und somit die Farbe ihres Hutes wüßte. Wenn sich also niemand meldet, kann das nur bedeuten, daß auch sein eigener Hut rot ist. Ebenso geht der Schluß bei n Personen. Die schlaueste der n Personen wird die Situation immer auf den vorherigen Fall reduzieren, welcher sich wieder auf den vorherigen Fall reduzieren läßt und so weiter, bis zu drei Personen, und dieser Fall ist ja gelöst.

Das allgemeine Problem kann zu interessanten Diskussionen darüber führen, ob es wohldefiniert ist oder zu unklar gestellt, als daß sich immer eine eindeutige Antwort finden ließe. Welche Voraussetzungen müssen gemacht werden, damit das allgemeine Problem lösbar ist? Muß die Intelligenz der Personen hierarchisch geordnet sein? Nimmt die Zeitspanne, die vergeht, bis eine Person weiß, daß ihr Hut rot ist, mit n zu? Kann man sagen, daß bei 100 Personen nach einer sehr langen Zeit zunächst die schlaueste Person wissen wird, daß ihr Hut rot ist, nach einer weiteren Zeitspanne die zweitschlaueste, und so fort, bis schließlich jede Person ihre Hutfarbe kennt?

Es gibt endlos viele Varianten des klassischen Hutproblems. Die folgende Abwandlung zeigt, daß das Problem komplizierter wird, wenn mehr als zwei Farben im Spiel sind. Nehmen wir an, fünf Männer erhalten Hüte, die aus einer Menge von 5 weißen Hüten, 2 roten Hüten und 2 schwarzen Hüten ausgewählt werden. Wenn alle Männer weiße Hüte erhalten, wie kann dann der Schlaueste seine Hutfarbe deduzieren?

Eine besonders elegante 3-Personen-Variante des ursprünglichen Problems mit 2 Farben schließt alle Vieldeutigkeiten aus: Nehmen wir an, die drei Männer sitzen hintereinander auf drei Stühlen und blicken alle nach vorne. Der Mann auf dem letzten Stuhl sieht die Hüte der beiden Männer vor ihm. Der Mann auf dem mittleren Stuhl sieht nur den Hut seines Vordermannes und der erste Mann sieht gar keinen Hut. Stellen Sie sich die drei als zunehmend „blind" vor. Der erste Mann ist dann ganz blind.

Der Schiedsrichter wählt drei Hüte aus einer Menge mit 2 schwarzen und 3 weißen Hüten aus. Die Männer schließen ihre Augen, bis jeder einen Hut auf hat und die restlichen weggepackt sind.

Dann fragt der Schiedsrichter den hintersten Mann, ob er die Farbe seines Hutes kenne. Dieser antwortet: „Nein".

Dem Mann in der Mitte wird die gleiche Frage gestellt. Auch dieser antwortet mit: „Nein."

Als dann der vorderste Mann gefragt wird, antwortet er: „Ja, mein Hut ist weiß." Wie kommt er darauf?

Er überlegt wie folgt: Der Mann auf dem letzten Stuhl wird nur dann „ja" sagen, wenn er zwei schwarze Hüte sieht, Er hat aber „nein" geantwortet, also sind die beiden Hüte, die er sehen kann, nicht beide schwarz. Angenommen mein Hut ist schwarz. Der mittlere Mann sieht meinen schwarzen Hut. Sobald er den letzten Mann „nein" antworten hört, weiß er, daß sein Hut weiß ist — sonst hätte der letzte Mann ja zwei schwarze Hüte gesehen und „ja" geantwortet. Der mittlere Mann hätte also „ja" geantwortet, wenn mein Hut schwarz wäre. Er hat aber „nein" gesagt, also ist meine ursprüngliche Annahme falsch, und ich trage einen weißen Hut.

Wie die ursprüngliche Version, so läßt sich auch diese mit Hilfe mathematischer Induktion leicht auf n „zunehmend blindere" Personen, die auf n Stühlen hintereinander sitzen, verallgemeinern. Zuerst wird der letzte Mann gefragt, dann der vorletzte, und so weiter, bis zum ersten. Der Hütevorrat besteht aus n weißen und n-1 schwarzen Hüten. Betrachten Sie zum Beispiel den Fall $n = 4$: Der „blinde" Mann auf dem ersten Stuhl weiß, daß, wenn sein Hut schwarz ist, die hinteren drei Männder diesen schwarzen Hut sehen und also wissen, daß für sie höchstens zwei schwarze Hüte übrig sind. Damit befinden wir uns aber im vorigen Fall. Wenn dann also die beiden letzten „nein" sagen, wird der dritte (der Mann hinter dem „Blinden") „ja" sagen, wie im vorigen Fall. Sollte er aber „nein" sagen, so folgt, daß der „blinde" Mann einen weißen Hut trägt. Mit mathematischer Induktion läßt sich dieser Beweis auf n Personen ausdehnen. Wenn alle außer dem blinden Mann „nein" sagen, dann müssen alle einen weißen Hut tragen, außer möglicherweise demjenigen, dem die erste Frage gestellt wird.

Wir kommen nun zu einer schwierigen Frage. Nehmen wir an, daß der Schiedsrichter den Männern im 3-Personen-Fall *irgendeine* Auswahl aus den 5 Hüten (3 weißen und 2 schwarzen) aufsetzt. Dann werden die Männer wie eben befragt. Wird immer irgendeiner „ja" sagen? Es wird Ihnen bestimmt Spaß machen, das auszuarbeiten und zu beweisen, daß sich die Lösung auf n Personen und eine Menge von n weißen und n-1 schwarzen Hüten verallgemeinern läßt. Irgend jemand wird immer ja sagen, nämlich die erste Person, die einen weißen Hut trägt und vor sich nur schwarze Hüte oder gar keinen Hut sieht.

Hüte von zwei Farben sind äquivalent zu Hüten, die mit 0 oder 1, den ganzen Zahlen in binärer Notation, markiert sind. Es gibt viele Hutprobleme, bei denen mehr als zwei Farben vorkommen (eines haben wir schon kennengelernt), aber sie sind leichter zu verstehen, wenn wir statt Farben positive ganze Zahlen verwenden. Betrachten Sie zum Beispiel folgendes Zwei-Personen-Spiel:

Der Schiedsrichter wählt irgendein Paar aufeinanderfolgender positiver ganzer Zahlen. Eine Scheibe mit der einen Zahl wird dem einen Spieler an die Stirn gesteckt und eine Scheibe mit der anderen Zahl dem anderen. Jeder Spieler sieht des anderen Zahl, aber nicht seine eigene. Beide Spieler denken rational und sind ehrlich.

Der Schiedsrichter fragt nun abwechselnd jeden Spieler, ob er seine Zahl kennt. Dieses Fragespiel geht hin und her, bis schließlich einer der Spieler „ja" sagt. Mit Hilfe mathematischer Induktion kann man zeigen, daß einer auf die Frage n oder (n-1) „ja" sagen wird. Dabei ist n die größere der beiden Zahlen. Der Beweis beginnt mit dem einfachsten Fall, den beiden Zahlen 1 und 2. Der Spieler mit der 2 wird auf die erste oder die zweite Frage (das hängt davon ab, wer zuerst gefragt wird) mit „ja" antworten, denn er sieht ja die 1 an der Stirn des anderen Spielers. Also kann seine Zahl nur 2 sein.

Nun betrachten wir den Fall mit den Zahlen 2 und 3. Wenn der Spieler mit der 3 das erste Mal gefragt wird, kann er nur „nein" antworten, denn seine Zahl könnte 1 oder 3 sein. Angenommen er hat eine 1. In diesem Fall würde der Spieler mit der 2 (wie im vorigen Fall) „ja" sagen. Wenn dieser also „nein" sagt, beweist er, daß der andere Spieler eine 3 und nicht eine 1 trägt. Der andere sagt also „ja", wenn er zum zweiten Mal gefragt wird. Wie das Hutproblem läßt sich auch dieses auf jedes Paar natürlicher Zahlen verallgemeinern.

Für die vollständige Lösung müssen Sie noch wissen, wann ein Spieler auf die n-te und wann auf die (n-1)-te Frage mit „ja" antwortet. Sie werden herausfinden, daß das davon abhängt, wer zuerst gefragt wird und ob n gerade oder ungerade ist.

Eine raffinierte Variante hat kürzlich der berühmte Mathematiker John Horton Conway aus Cambridge untersucht. Sie lautet folgendermaßen: n Personen tragen an der Stirn Scheiben mit Zahlen. Die

Zahlen sind beliebige positive ganze Zahlen. Die Summe aller Zahlen ist eine von n oder eine von wenigen Zahlen, die an einer Tafel angeschrieben stehen. Alle Zahlen auf der Tafel sind verschieden. Alle Personen seien ehrlich und mit unendlich großer Intelligenz ausgestattet. Jeder kann die Zahlen an der Tafel und an den Stirnen der Mitglieder sehen, nur seine eigene Zahl nicht.

Der erste wird gefragt, ob er seine Zahl kennt. Wenn er „nein" sagt, wird der zweite gefragt, und das Fragen geht zyklisch weiter, bis einer der Spieler mit „ja" antwortet. Conway behauptet, so unglaublich das klingen mag, daß das Befragen immer mit einem endet, der schließlich ja sagt.

Haarschnitt unterwegs

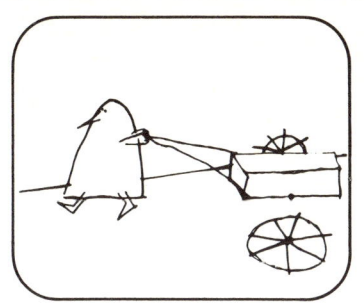

Auf der Fahrt nach Sylt, wo Roland seinen Urlaub verbringen will, bricht sein Auto in einer kleinen Stadt zusammen. Solange es repariert wird, will Roland sich die Haare schneiden lassen.

Trotzdem geht er nicht hinein. Er macht auf dem Absatz kehrt, um sich die Haare in Detlevs schmuddeligem Salon schneiden zu lassen. Warum?

In der Stadt gibt es nur zwei Friseure, Jürgen und Detlev.

Roland schaut bei Detlev durch die Scheibe und ist entsetzt: „Ist das aber ein schmutziger Laden! Der Spiegel muß geputzt werden, überall liegen Haare herum, der Friseur muß sich rasieren und trägt einen scheußlichen Haarschnitt."

Kein Wunder, daß Roland von Detlevs Salon weggeht, um sich bei Jürgen umzusehen.

Er späht durch Jürgens Schaufenster: „Was für ein Unterschied! Der Spiegel ist blank, der Boden gefegt und Jürgens Haar ist gut geschnitten."

114

Welcher Friseur?

Kein Friseur schneidet seine Haare selber. Da es in dem Dorf nur zwei Friseure gab, mußte sich jeder die Haare vom anderen schneiden lassen. Jochen ließ sich die Haare wohlweislich in dem schmutzigen Laden schneiden, da dessen Friseur dem Kollegen in dem sauberen Salon einen so guten Haarschnitt verpaßt hatte.

Es folgt ein ganz ähnliches Rätsel: Zwei Bergleute, die den ganzen Tag in einem Kohlenpütt gearbeitet haben, beenden ihre Schicht und kommen wieder ans Tageslicht. Das Gesicht des einen ist sauber, das des anderen schwarz mit Kohlenstaub. Sie verabschiedeten sich voneinander, um nach Hause zu fahren. Der Mann mit dem sauberen Gesicht fährt sich noch einmal mit dem Taschentuch übers Gesicht, ehe er nach Hause fährt, sein Kumpel mit dem schwarzen Gesicht aber tut nichts dergleichen. Haben Sie eine Erklärung für dieses merkwürdige Verhalten?

Friseurgespräche

115

Detlev war ein geschwätziger Friseur und konnte es kaum erwarten, anzufangen. **Detlev:** „So, so; Sie sind also nicht von hier. Ich schneide Fremden gern die Haare."

Detlev: „Genauer gesagt, ich schneide lieber zwei Leuten von außerhalb die Haare als jemandem aus dieser Stadt." **Roland:** „Aber warum denn?"

Detlev: „Weil ich dann doppelt soviel Geld kassiere."

Roland: „Okay. Sie haben mich reingelegt. Nun eine Frage an Sie: Vor zehn Tagen gewann unsere Basketballmannschaft ein Spiel mit 76 zu 40 Punkten, obwohl kein einziger Spieler einen Korb geworfen hat. Können Sie mir sagen, warum?"

Der Friseur konnte nicht, und so erklärte ihm Roland: „Es war ein Spiel der Damenmannschaft."

Überraschende Lösungen

Bei den Rätseln in diesem Abschnitt handelt es sich um Fangfragen, die auf verbalen Mehrdeutigkeiten beruhen. Es folgen sieben kleine Probleme, mit denen Sie Ihre Bekannten hereinlegen können.

1. Howard Youse, ein exzentrischer Milliardär, setzte einen Preis in Höhe einer halben Million Dollar für denjenigen Rennfahrer aus, dessen Wagen als *letzter* durchs Ziel ginge. Zehn Rennfahrer wollten an dem Rennen teilnehmen und waren von dieser Bedingung überrascht.
   „So können wir das Rennen doch gar nicht durchführen", sagte einer. „Wir würden immer langsamer fahren und das Rennen nie beenden."
   „Aha!" rief ein anderer, „ich weiß, was wir machen können". Was war ihm wohl eingefallen?

2. Wie können Sie ein Streichholz unter Wasser brennen lassen?

3. Ein Gangster besuchte mit seiner Frau ein Kino, in dem ein Western gezeigt wurde. Während einer Szene, in der auf der Leinwand eine wilde Schießerei im Gange war, ermordete er seine Frau durch einen Schuß in den Kopf. Dann schaffte er den Leichnam aus dem Kino, ohne daß ihn jemand aufgehalten hätte. Wie hat er das angestellt?

4. Professor Riesenklein behauptet, er könne eine Flasche in die Mitte eines Zimmers stellen und dann hineinkriechen. Wie macht er das?

5. Uriah Fuller, das berühmte israelische Medium, kann bei jedem Basketballspiel den Punktstand angeben, bevor es überhaupt angefangen hat. Worin besteht sein Geheimnis?

6. „Dieser Wellensittich", behauptet der Verkäufer in der Tierhandlung, „wiederholt jedes Wort, das er hört!" Eine Woche später brachte die Dame, die den Vogel gekauft hatte, das Tier zurück und beschwerte sich, daß der Vogel noch kein Wort gesprochen habe. Doch der Verkäufer hatte die Wahrheit gesagt. Können Sie das erklären?

7. Eine Weinflasche ist zur Hälfte gefüllt und mit einem Korken verschlossen. Wie können Sie den Wein austrinken, ohne die Flasche zu zerstören oder den Korken aus der Flasche zu entfernen?

Die Antworten finden Sie im Anhang.

Mord auf dem Gletscher

Als Roland endlich auf Sylt ankommt, berichteten die Schlagzeilen der lokalen Presse gerade über einen ortsbekannten Playboy und dessen Frau. Die beiden waren zum Sommerskilauf ins Wallis gefahren.

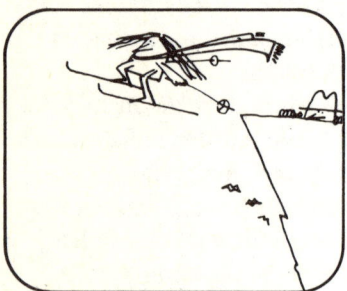

Die Frau war bei einem Skiunfall ums Leben gekommen und der Playboy war der einzige Zeuge, als sie in eine Gletscherspalte stürzte.

Ein Angestellter in Westerland liest über den Fall in der Zeitung und alarmiert die Polizei. Der Playboy wird unter Mordverdacht verhaftet.

Die Reporter waren von der Geschichte des Angestellten überrascht. **Angestellter:** „Ich kenne weder den Playboy noch seine Frau und ich hatte auch keinen schlimmen Verdacht, bis ich die Geschichte in der Zeitung las." Warum hatte er dann die Polizei alarmiert?

Weil er dem Playboy eine Rückfahrkarte ins Wallis verkauft hatte, seiner Frau aber nur eine einfache Fahrkarte.

117

Die einfache Fahrkarte

Wußten Sie eigentlich, daß Landru, der berühmte Frauenmörder, ebenso sparsam verfuhr, was ihn am Ende dann überführte?

Sehen Sie nun zu, wie Sie mit folgenden zwei mysteriösen Problemen zurechtkommen. Wie das vorige, so können auch diese nicht mit Hilfe irgendeines Algorithmus' gelöst werden, sondern nur durch ein aha!

1. Ein Vater fuhr, mit seinem kleinen Sohn auf dem Beifahrersitz, auf dem Münchner Ring. Plötzlich mußte er das Steuer herumreißen, um einem liegengebliebenen Fahrzeug auszuweichen. Er verlor die Kontrolle über seinen Wagen und raste gegen einen Brückenpfeiler. Der Vater blieb unverletzt, aber sein Sohn hatte sich ein Bein gebrochen. Ein Rettungswagen brachte beide in ein nahegelegenes Krankenhaus. Der Junge wurde sofort in den Operationssaal gefahren. Die Operation sollte gerade beginnen, als der Chirurg plötzlich ausrief: „Ich kann diesen Jungen nicht operieren, es ist mein Sohn!" Erklären Sie, wie das zuging.

2. Die folgende Geschichte wurde aus dem Buch „Puzzle Math" von George Gamow und Marvin Stern übernommen: Zur Zeit der deutschen Besetzung Frankreichs während des zweiten Weltkriegs fuhren in Paris vier Personen in einem Fahrstuhl: Ein SS-Führer in Uniform, ein französischer Untergrundkämpfer, ein hübsches, junges Mädchen und eine ältere Dame. Die Passagiere kannten einander nicht.

Plötzlich fiel der Strom aus; der Fahrstuhl blieb stecken, die Lichter gingen aus. In der Kabine herrschte vollkommene Dunkelheit. Da hörte man ein Geräusch wie von einem Kuß und kurz darauf, wie jemand ins Gesicht geschlagen wurde. Einen Augenblick später ging das Licht wieder an. Der SS-Führer hatte ein blaues Auge.

Die ältere Dame dachte: „Das geschieht ihm recht! Zum Glück wissen sich die jungen Mädchen heutzutage zu verteidigen."

Das junge Mädchen dachte: „Was haben diese Nazis nur für einen merkwürdigen Geschmack! Anstatt *mich* zu küssen, muß er es wohl bei der älteren Dame oder dem netten jungen Mann probiert haben. Ich komme nicht dahinter."

Der SS-Führer dachte: „Was ist bloß passiert? Ich habe doch gar nichts gemacht. Vielleicht hat dieser Franzose versucht, das Mädchen zu küssen, und sie hat aus Versehen mich getroffen."

Nur der Franzose wußte genau, was geschehen war. Können *Sie* sich denken, was sich ereignet hat?

Die Lösungen zu beiden Problemen finden Sie im Anhang, aber versuchen Sie es erst selber!

Schluck den Schreck

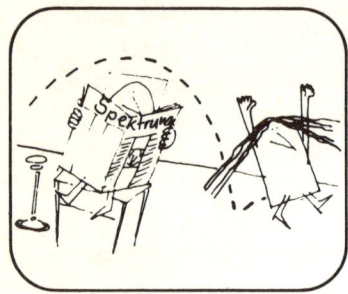

Roland hatte sich in einem Hotel einquartiert und las gerade in der Eingangshalle seine Zeitschrift, als ein flottes junges Mädchen in die Halle gestürmt kam.

Da aber senkte der Mann den Arm mit dem Messer. Das Mädchen und er begannen zu lachen. Was in aller Welt spielt sich hier ab?

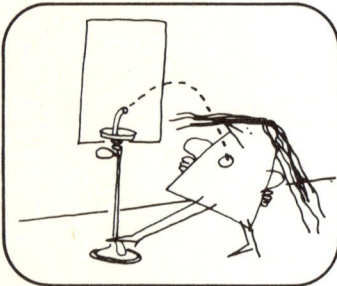

Sie lief zu einem Wasserspender, nahm einen tiefen Schluck und verschwand wieder.

Drei Minuten später kam sie wieder, um erneut einen großen Schluck Wasser zu trinken. Diesmal folgte ihr ein seltsam aussehender Mann.

Hinter dem Wasserspender befand sich ein Spiegel, und als sie den Kopf hob, sah sie im Spiegel den Mann hinter sich stehen. Er hielt ein langes Messer in seiner erhobenen Hand und es sah aus, als wollte er sie von hinten erstechen. Sie schrie laut auf.

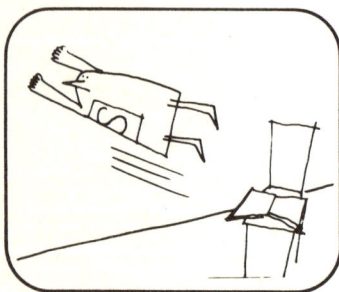

Roland eilte durch die Halle, ihr zu Hilfe.

Das Spiegelbild

Das merkwürdige Benehmen des Mädchens läßt sich leicht erklären: es hatte einen Schluckauf und der Mann versuchte, es zu erschrecken, damit der Schluckauf verschwinde.

Sie haben nun noch eine letzte Chance, ihr aha!-Potential an logischen Rätseln zu erproben. Zunächst eine Verfahrensfrage und dann ein Problem, dessen Lösung durch eine falsche Annahme blokkiert wird.

1. Kleopatra bewahrt ihre Diamanten in einem Kästchen mit einem Schiebedeckel auf. Um Diebe abzuschrecken, hat sie eine lebende Giftschlange mit in das Kästchen gesperrt. Eines Tages ließ sie ihren Diener für einige Minuten in dem Zimmer mit dem Kästchen allein. Es gelang dem Diener, innerhalb weniger Sekunden mehrere unbezahlbare Juwelen zu entwenden, ohne die Schlange aus dem Kästchen zu entfernen oder sie in irgendeiner Weise zu berühren oder zu beeinflussen. Er trug nichts an sich, mit dem er seine Hände vor dem tödlichen Biß hätte schützen können. Als der Diener das Zimmer verließ, befanden sich das Kästchen und die Schlange genau in demselben Zustand wie vorher, nur die Juwelen fehlten. Welche geniale Methode hatte sich der Diener ausgedacht, um die Juwelen an sich zu bringen?

2. Eine Frau hatte ihren Führerschein nicht dabei. Sie hielt an einer Kreuzung nicht an, übersah ein Einbahnstraßenschild und folgte der Einbahnstraße über drei Querstraßen hinweg in der falschen Richtung. All das wurde von einem Polizisten beobachtet, der jedoch nicht einschritt. Warum?

Die Antworten finden Sie wieder im Anhang.

Kapitel 5

Prozeduren
aha!

Seit Beginn der Computerrevolution ist das Wort „Algorithmus" ein vielbenutzter Terminus in der Sprache der Mathematik geworden. Gemeint ist damit einfach eine Prozedur, bestehend aus einer Folge wohldefinierter Schritte, die ein gegebenes Problem löst. Wenn Sie eine große Zahl durch eine andere teilen, dann benutzen Sie einen Divisionsalgorithmus. Da Computer kein Problem lösen können, ohne daß ihnen genau vorgeschrieben wird, was sie zu tun haben, besteht die Kunst der Programmierung in der Hauptsache darin, effiziente Algorithmen zu konstruieren. Wir sagen lieber „Kunst" als „Technik", denn oft sind es mysteriöse aha!-Erlebnisse, die den kreativen Durchbruch zur Entdeckung guter Algorithmen bringen.

Mit „gut" meinen wir Algorithmen, die ein Problem in möglichst kurzer Zeit lösen. Die Benutzung eines Computers kostet Geld, genauso wie es Geld kostet, einen bestimmten Job durch andere Arbeitskräfte ausführen zu lassen. Folglich ist es von Vorteil, effiziente (gute) Algorithmen einzusetzen. Eine florierende Branche der angewandten Mathematik, genannt Operations Research, beschäftigt sich ausschließlich mit der Suche nach den besten Algorithmen zur Lösung komplizierter Probleme.

Obwohl die Probleme in diesem Kapitel so ausgesucht sind, daß sie Ihnen Spaß bereiten, werden Sie dabei ohne Mühe viele grundlegende mathematische Konzepte kennenlernen. Die erste Aufgabe zeigt sehr anschaulich, was Mathematiker meinen, wenn sie zwei Probleme, die scheinbar nichts miteinander zu tun haben, „isomorph" nennen. Es stellt sich heraus, daß ein altes Glücksspiel und Tick-Tack-Toe eine gemeinsame Struktur der Gewinnstrategie besitzen. Tick-Tack-Toe wiederum ist isomorph zu einem gescheiten Wortspiel, das der kanadische Mathematiker Leo Moser erfunden hat, und zu einem Spiel mit einem Netzwerk von Straßen. Die Strategien all dieser Spiele wiederum leiten sich von einem magischen Quadrat der Ordnung 3 ab, wohl der ältesten aller kombinatorischen Kuriositäten.

Weitere wichtige Konzepte tauchen auf: Archimedes' Gesetz über schwimmende Körper, mit dem sich das Gewicht eines Nilpferdes bestimmen läßt; ein für den allgemeinen Fall ungelöstes Problem aus der Entscheidungstheorie, das die gerechte Verteilung der Hausarbeit betrifft; einige klassische kombinatorische Probleme, die sich aus der Geschichte von dem Dieb und dem Glockenseil ergeben; und wichtige Probleme aus der Graphentheorie, zu denen auch das Problem des bequemen Liebhabers gehört.

Graphentheorie handelt von Punkten, die durch Linien verbunden sind. Viele praktische Probleme des Operations Research lassen sich graphentheoretisch formulieren. Einige dieser Probleme haben sehr elegante Lösungen, wie zum Beispiel das minimale Gerüst, das wir mit Hilfe von „Kruskals Algorithmus" konstruieren werden. Wir betrachten auch noch eine damit zusammenhängende Aufgabe, das „Problem der Steiner-Bäume", das bis heute ungelöst ist. Da Steiner-Bäume so vielfältige praktische Anwendungen haben, wird zur Zeit viel Arbeit in die Entwicklung guter Algorithmen zur Konstruktion solcher Bäume gesteckt.

Steiners Problem gehört zur faszinierenden Klasse der NP-vollständigen Probleme. Für solche Probleme kennt man weder gute Algorithmen, noch weiß man, ob solche Algorithmen überhaupt existieren. Die Zeit, die der beste Algorithmus zur Konstruktion eines Steiner-Baumes auf n-Punkten benötigt, wächst exponentiell mit n. Tatsächlich wächst diese Zeit so schnell, daß ein Computer selbst bei relativ kleiner Punktzahl (sagen wir einige hundert Punkte) mehrere Millionen Jahre rechnen würde, um die beste Lösung zu finden.

NP-vollständige Probleme hängen untereinander in merkwürdiger Weise zusammen: wenn man für eines dieser Probleme einen effizienten Computeralgorithmus findet, dann läßt sich dieser Algorithmus auch sofort auf alle anderen anwenden. Andererseits, wenn man von einem der NP-vollständigen Probleme zeigen kann, daß kein effizienter Algorithmus existiert, dann erledigt das auch das Problem für alle anderen NP-vollständigen Probleme. Mathematiker vermuten, daß letzteres richtig ist.

Mehr als die anderen eröffnet dieses Kapitel Einblick in Gebiete der Mathematik, auf denen einige der brillantesten Mathematiker arbeiten.

Das Spiel „15"

Wenn auf dem Land das Schützenfest naht, wird jedermann von Vorfreude erfaßt; das heißt jeder, außer den Kühen.

Dieses Jahr gibt es ein neues Spiel, genannt „Die glückliche 15"

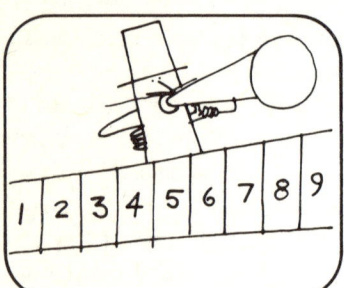

Herr Schlitz: „Hereinspaziert, meine Herrschaften, die Regeln sind ganz einfach. Wir legen immer abwechselnd Münzen auf die Felder 1 bis 9. Es ist ganz gleich, wer anfängt.

Sie spielen mit Fünfzigpfennigstücken und ich mit Fünfmarkstücken. Wer zuerst drei Zahlen setzt, deren Summe 15 ergibt, bekommt das ganze Geld, das auf dem Spieltisch liegt."

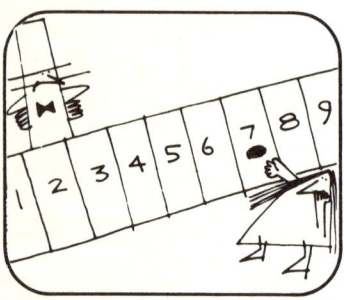

Wir wollen einmal ein typisches Spiel beobachten. Die Dame fängt an und legt einen Fünfziger auf die 7. Die 7 ist nun besetzt und kein Spieler darf noch einmal auf dieses Feld setzen.

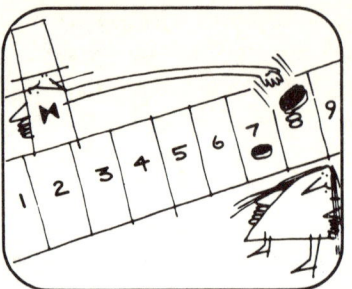

Herr Schlitz legt ein Fünfmarkstück auf die 8.

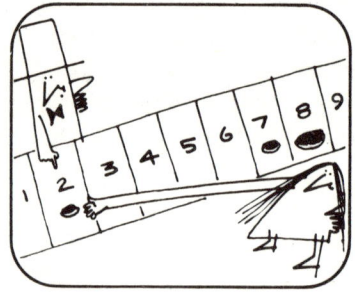

Als nächstes plaziert die Dame einen Fünfziger auf der 2, so daß sie mit einem weiteren Fünfziger auf die 6 die Summe 15 erreicht und das Spiel gewonnen hätte.

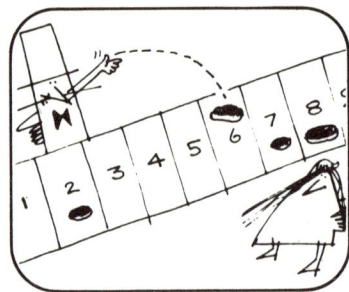

Herr Schlitz verhindert das, indem er ein Fünfmarkstück auf die 6 legt. Nun kann er gewinnen, wenn er das nächste Mal auf die 1 setzt.

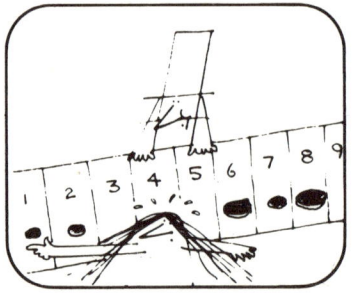

Die Dame bemerkt die Gefahr und verhindert seinen Sieg, indem sie einen Fünfziger auf die 1 legt.

Schlitz verkneift sich ein Lächeln, als er sein nächstes Fünfmarkstück auf die 4 legt. Die Dame sieht, daß er mit dem nächsten Zug gewinnen kann, wenn er auf die 5 setzt, und muß ihm zuvorkommen.

125

Sie legt also einen Fünfziger auf die 5.

Welches aha! hatte den Bürgermeister erleuchtet? Vielleicht kommen Sie auch darauf und können gegen Ihre Freunde perfekte Spiele spielen.

Jetzt aber setzt Schlitz ein Fünfmarkstück auf die 3 und gewinnt, denn 8 plus 4 plus 3 ist 15. Die Dame hat zwei Mark verloren.

Der Bürgermeister des Dorfes war von dem Spiel fasziniert. Nachdem er es lange beobachtet hatte, war er davon überzeugt, daß Schlitz ein geheimes System besitzen müsse, das ihm erlaubte, auf Wunsch zu gewinnen oder zu verlieren.

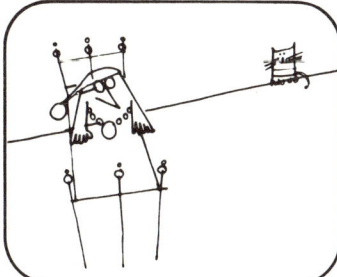

Der Bürgermeister grübelte die ganze Nacht und versuchte, das System zu ergründen.

Plötzlich sprang er aus dem Bett.
Bürgermeister: „Aha! Ich wußte, daß er ein System hat! Aber jetzt kenne ich es auch. Es ist in der Tat für die Besucher unmöglich, gegen ihn zu gewinnen."

Tick-Tack-Toe!

Der Lösungsgedanke für das Spiel „15" besteht in der Erkenntnis, daß das Spiel äquivalent zu Tick-Tack-Toe ist. Erstaunlicherweise wird die Äquivalenz über *Lo-shu,* das bekannte magische 3 x 3-Quadrat gegeben, das im alten China entdeckt wurde.

Damit Sie die Eleganz dieses Quadrats richtig würdigen können, schreiben Sie sich doch zunächst alle Kombinationen von drei verschiedenen Ziffern zwischen 1 und 9 auf, deren Summe 15 ergibt. Es existieren genau 8 solche Tripel:

$$1 + 5 + 9 = 15$$
$$1 + 6 + 8 = 15$$
$$2 + 4 + 9 = 15$$
$$2 + 5 + 8 = 15$$
$$2 + 6 + 7 = 15$$
$$3 + 4 + 8 = 15$$
$$3 + 5 + 7 = 15$$
$$4 + 5 + 6 = 15$$

Nun sehen Sie sich das folgende magische 3 x 3-Quadrat an:

$$
\begin{array}{ccc}
2 & 9 & 4 \\
7 & 5 & 3 \\
6 & 1 & 8
\end{array}
$$

Die drei Zeilen, drei Spalten und zwei Diagonalen in diesem Quadrat definieren zusammen die acht Zahlentripel der Summe 15. Jede Kombination von 3 Feldern, die das Spiel „15" gewinnt, wird in dem magischen Quadrat durch eine Zeile, eine Spalte oder eine Diagonale repräsentiert.

Nun sieht man leicht, daß jede Partie „15" äquivalent zu einer Partie Tick-Tack-Toe ist, die auf dem magischen Quadrat gespielt wird. Der Mann auf dem Rummelplatz hat eine Tafel mit dem Lo-Shu unter seinem Tisch aufgestellt, so daß nur er sie sehen kann. Es gibt im wesentlichen nur ein Lo-Shu. Natürlich kann man es in vier verschiedene Positionen drehen und in jeder Position kann man es noch einmal spiegeln. Jedes der so entstehenden acht magischen Quadrate ist als geheimer Schlüssel zum Spiel „15" gleich gut geeignet.

Während des Spiels „15" spielt der Veranstalter in Gedanken das entsprechende Spiel Tick-Tack-Toe auf seiner geheimen Tafel. Wer Tick-Tack-Toe korrekt spielt, kann nicht verlieren. Wenn beide Spieler korrekt spielen, endet das Spiel unentschieden. Die Besucher des Rummelplatzes befinden sich jedoch erheblich im Nachteil, denn sie merken gar nicht, daß sie eigentlich Tick-Tack-Toe spielen. So ist es für den Gaukler leicht, den Kunden Fallen zu stellen und zu gewinnen.

Um genau zu sehen, wie das funktioniert, wollen wir die auf den Bildern gespielte Partie noch einmal durchspielen. Bild 1 zeigt die Stellungen nach den einzelnen Zügen. Obwohl der Veranstalter erst als

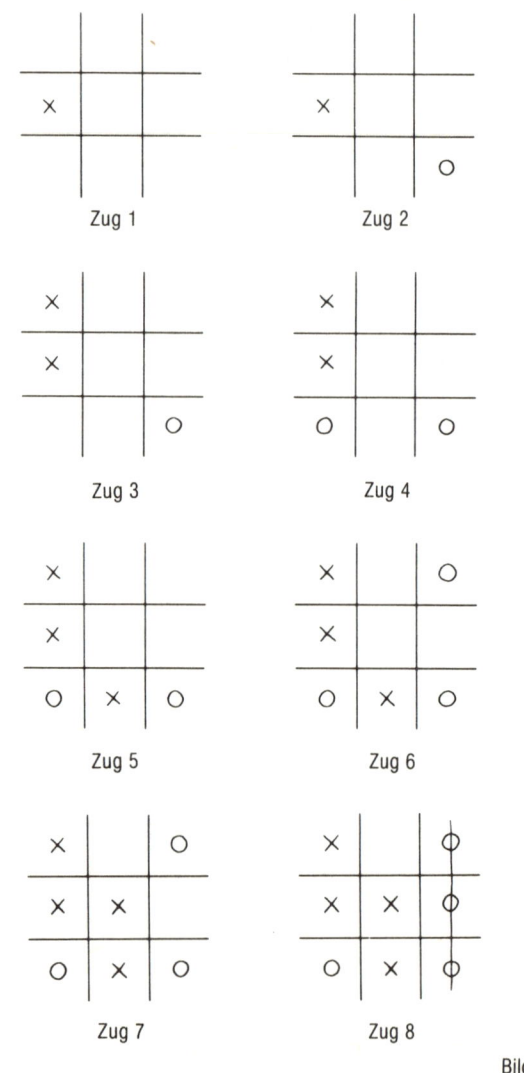

Bild 1

zweiter setzte, war es ihm doch möglich, im 6. Zug eine Falle aufzubauen, die ihm den Gewinn im 8. Zug sicherte, egal wie die Frau im 7. Zug spielen würde. Jeder, der perfekt Tick-Tack-Toe spielen kann, ist auch im Spiel „15" unschlagbar, wenn er das magische Quadrat benutzt.

Der Begriff Isomorphismus (mathematische Äquivalenz) ist in der gesamten Mathematik fundamental. In vielen Fällen betrachtet man statt eines gegebenen Problems ein isomorphes, das sich leicht lösen läßt oder schon gelöst ist. Durch Rückübertragung erhält man dann die gesuchte Lösung. Die mathematischen Konzepte werden immer komplizierter, gleichzeitig aber auch immer einheitlicher in dem Sinne, daß sich viele mathematische Strukturen durch die Entdeckung von Isomorphien vereinfachen lassen. Als zum Beispiel 1976 der Vierfarbensatz bewiesen wurde, waren damit gleichzeitig Dutzende anderer wichtiger Vermutungen bewiesen, die alle zum Vierfarbensatz äquivalent sind.

Um Ihr Verständnis des fundamentalen Konzepts der Isomorphie weiter zu entwickeln, betrachten wir nun ein Wortspiel mit neun Wörtern:

BOOT
KATZ
TIEF
FORM
RABE
RIND
OESE
SAND
IBIS

Zwei Spieler streichen abwechselnd Wörter aus, jeder mit einer anderen Farbe. Der erste Spieler, der drei Wörter ausstreicht, die einen gemeinsamen Buchstaben enthalten, gewinnt das Spiel. Vielleicht müssen Sie recht oft spielen, bis Sie bemerken, daß es sich hier wieder einfach um Tick-Tack-Toe handelt! Die Isomorphie ist leicht zu sehen, wenn Sie die Wörter wie in Bild 2 anordnen. Eine sorgfältige Prüfung zeigt, daß jedes Tripel von Wörtern, die einen gemeinsamen Buchstaben enthalten, auf einer Gera-

den liegt: einer Horizontalen, einer Vertikalen oder einer Diagonalen. Das Wortspiel zu spielen, läuft daher auf dasselbe hinaus wie Tick-Tack-Toe oder „15" zu spielen.

TIEF	KATZ	BOOT
RIND	RABE	FORM
IBIS	SAND	OESE

Bild 2

Versuchen Sie selber, sich neun Wörter auszudenken, mit denen sich das Spiel durchführen läßt. Statt mit Wörtern können Sie auch mit Symbolen spielen, wie in Bild 3 dargestellt:

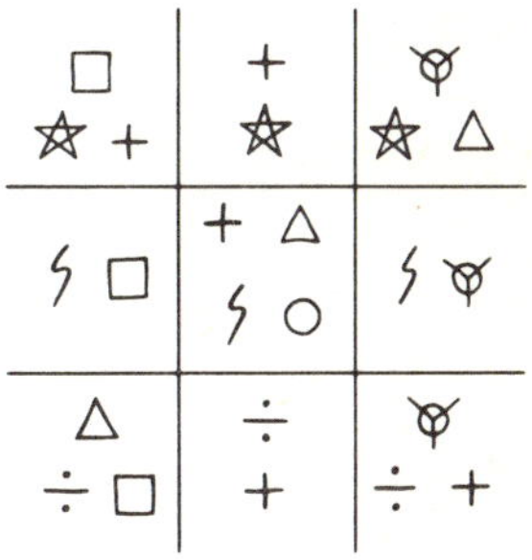

Bild 3

Die einfachste Möglichkeit, alle diese Spiele zu spielen, besteht darin, jedes der neun Symbole, Wörter oder jede der Ziffern auf ein Kärtchen zu schreiben und dann alle Kärtchen auf dem Tisch auszubreiten. Die beiden Spieler nehmen sich abwechselnd solange Karten, bis einer gewonnen hat.

Wenn Sie die Isomorphie dieser drei Spiele verstanden haben, dann betrachten Sie folgendes Straßenspiel. Es wird auf der Landkarte in Bild 4 gespielt.

Acht Städte sind durch Straßen verbunden. Zwei Spieler sind mit Stiften verschiedener Farbe ausgestattet. Sie färben abwechselnd die gesamte Länge einer Straße. Beachten Sie, daß einige Straßen durch

Städte hindurchführen. In einem solchen Fall muß die gesamte Straßenlänge gefärbt werden. Der erste Spieler, der drei Straßen gefärbt hat, die sich in einer Stadt treffen, hat das Spiel gewonnen. Auf den ersten Blick scheint dieses Spiel nichts mit den drei bisher betrachteten Spielen zu tun zu haben. Tatsächlich ist es aber auch isomorph zu Tick-TackToe!

Den Isomorphismus erhält man, indem man die Straßen wie in Bild 4 numeriert. Jede Straße entspricht einem numerierten Feld des magischen Quadrats und jede Stadt auf der Landkarte entspricht einer Geraden aus Feldern im magischen Quadrat. Damit haben wir den Isomorphismus gefunden. Keiner, der perfekt Tick-Tack-Toe spielen kann, wird bei dem Landkartenspiel jemals verlieren.

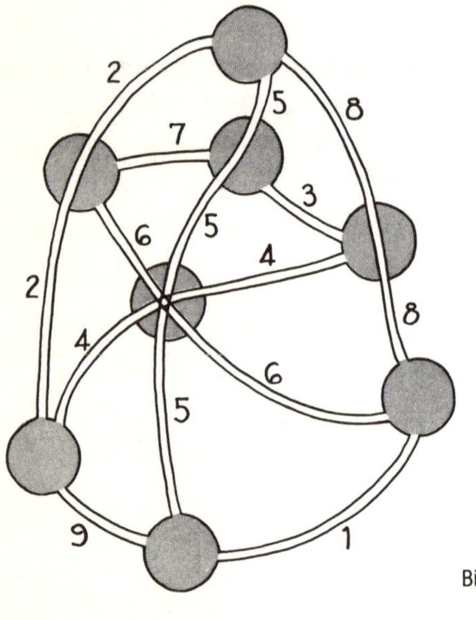

7	12	1	14
2	13	8	11
16	3	10	5
9	6	15	4

Bild 5

Bild 4

Bil 5 zeigt eins von 850 verschiedenen (rotierte und gespiegelte nicht mitgezählt) magischen Quadraten der Ordnung 4. Die magische Summe beträgt 34. Würde dieses Quadrat den Schlüssel für ein perfektes Spiel „34" liefern, bei welchem die Spieler abwechselnd verschiedene Zahlen zwischen 1 und 16 wählen, bis ein Spieler gewinnt, der vier Zahlen mit der Summe 34 gewählt hat? Ist dieses Spiel isomorph zu Tick-Tack-Toe auf einem 4 x 4-Brett? Die Antwort heißt nein. Sehen Sie warum?

Kann man die Regeln von Tick-Tack-Toe so abändern, daß die zwei Spiele isomorph sind, indem man außer geraden Linien noch andere Gewinnkonfigurationen zuläßt?

Das vergoldete Nilpferd

Es war einmal ein Häuptling eines reichen Stammes, der sich außerordentlich liebevoll um des Stammes heiliges Nilpferd kümmerte.

Jedes Jahr zu seinem Geburtstag luden der Häuptling und sein Steuereinnehmer das Tier in die königliche Barke, um damit flußaufwärts zum Steueramt zu fahren.

Die Stammessitte verlangte, daß die Eingeborenen dem Häuptling soviel Gold gaben, bis das Gewicht des Nilpferdes aufgewogen war. Vor dem Steueramt befand sich eine riesige Balkenwaage, die auf der einen Seite mit dem Nilpferd und auf der anderen mit dem Gold beladen werden konnte.

Aber dieses Jahr hatte der Häuptling das Tier außerordentlich gut gefüttert und das Nilpferd war so fett geworden, daß der Waagebalken brach. Es gab keine Möglichkeit, den Balken zu reparieren, ohne daß sich der Aufenthalt um mehrere Tage verzögert hätte.

Der Häuptling war außer sich und wandte sich an seinen Steuereinnehmer: „Ich will mein Gold noch heute, und zwar genausoviel, wie mir zusteht! Wenn dir bis Sonnenuntergang nichts einfällt, lasse ich dich köpfen!"

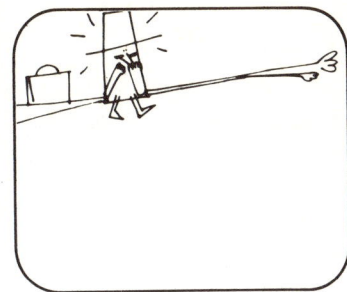

Der arme Steuereinnehmer hatte solche Angst, daß er kaum nachdenken konnte.

Trotzdem, nach einigen Stunden größter Konzentration, hatte er eine brillante Idee. Können Sie sich denken, welche?

Der Gedanke war wirklich ganz einfach. Der Steuereinnehmer setzte das Nilpferd allein in die königliche Barke und markierte außen am Bootsrand den Wasserstand.

Dann ließ er das Nilpferd wegführen und belud das Schiff mit Goldstücken, bis der Wasserspiegel die Marke erreichte. Nun mußte das Gold in der Barke dasselbe Gewicht haben wie das Nilpferd.

Heureka!

Nach dem Prinzip des Archimedes ist das Gewicht des von einem schwimmenden Körper verdrängten Wasservolumens gleich dem Gewicht dieses Körpers. Mit dem Nilpferd sinkt die Barke tiefer ins Wasser und verdrängt eine dem Gewicht des Nilpferdes entsprechende Wassermasse.

Es folgt ein verwandtes Problem: Nehmen wir an, die Barke schwimmt in einem Becken, das so klein ist, daß man den Wasserstand genau messen kann. Das Nilpferd wird durch eine äquivalente Menge von Goldmünzen ersetzt und der Wasserstand am Beckenrand markiert.

Nehmen wir nun an, daß das ganze Gold über Bord geworfen wird und auf den Boden des Beckens herabsinkt. Wir wissen, daß der Wasserspiegel relativ zur Barke absinkt, aber wie steht es mit dem Wasserspiegel am Rand des Beckens? Wird er fallen oder steigen?

Sogar Physikern bereitet diese Frage Kopfzerbrechen. Einige werden sagen, der Wasserspiegel ändere sich nicht. Andere sind der Ansicht, er müsse steigen, da das Gold zusätzlich Wasser verdrängt. Beide Antworten sind falsch.

Um zu sehen warum, müssen wir auf Archimedes' hydrostatisches Grundprinzip zurückkommen. Das von einem schwimmenden Körper verdrängte Wasservolumen hat das Gewicht des schwimmenden Körpers. Gold ist viel schwerer als Wasser, deshalb ist das Wasservolumen, das es verdrängt, solange es sich noch auf der Barke befindet, viel größer als das Volumen des Goldes selbst. Wenn sich das Gold aber auf dem Grund des Tanks befindet, verdrängt es nur noch sein eigenes Volumen. Deshalb fällt der Wasserspiegel.

Der Physiker George Gamow hat den Sachverhalt einmal auf folgende dramatische Art erklärt: Manche Sterne bestehen aus Materie, die viele Millionen mal dichter ist als Wasser. Ein Kubikzentimeter davon wiegt viele Tonnen. Wenn ein solcher Kubikzentimeter über Bord geworfen wird und zu Boden sinkt, so verdrängt er nur einen Kubikzentimeter Wasser — eine verschwindend geringe Menge — daher würde der Wasserspiegel im Becken sehr stark abfallen. Beim Gold ist die Situation ähnlich, nur fällt der Wasserspiegel nicht so stark.

Nehmen wir an, daß, als alles Gold ins Wasser geworfen war, an der Barke eine neue Markierung angebracht wird. Das Nilpferd entschließt sich, im Becken schwimmen zu gehen. Nehmen wir weiter an, daß der Wasserspiegel im Becken um zwei Zentimeter steigt, wenn das Nilpferd sich ins Wasser begibt. Wie weit ist er dann über die neue Marke an der Barke gestiegen?

Stellen Sie sich vor, Sie trinken Kinky-Cola aus der Flasche. Sie möchten halb so viel Cola zurücklassen, wie dem Volumen der Flasche entspricht. Die einfachste Möglichkeit, das zu erreichen, besteht darin, soviel zu trinken, daß die Oberfläche der Flüssigkeit in der horizontalen Flasche gerade den Punkt erreicht, an dem sich Ober- und Unterseite der Flasche treffen.

Nun folgt ein ähnliches Problem, das aber auf andere Art gelöst werden muß: wir haben ein durchsichtiges Glasgefäß mit unregelmäßiger Form. Das Gefäß enthält eine starke Säure. Am Gefäß sind nur zwei Markierungen angebracht, eine für 10 Liter und eine für 5 Liter.

Jemand hat bereits eine kleine, aber unbekannte Menge verbraucht, so daß der Flüssigkeitsspiegel sich geringfügig unter der 10-Liter-Marke befindet. Sie möchten genau 5 Liter Säure ausgießen und für ein Experiment verwenden. Die Säure ist zu flüchtig und gefährlich, als daß Sie sie noch in ein anderes Gefäß zum Abmessen gießen könnten. Durch welche einfache Prozedur können Sie sicherstellen, daß Sie genau 5 Liter ausgießen?

Die geniale Lösung besteht darin, kleine Glaskugeln in die Flasche zu werfen, bis der Flüssigkeitsspiegel die obere Markierung erreicht. Dann gießen Sie einfach soviel Säure aus, bis die 5-Liter-Marke erreicht ist.

Das Verteilen von Pflichten

Bodo und Kirsten Vogel haben geheiratet. Sie gehen beide arbeiten und haben deshalb beschlossen, sich die Hausarbeit zu teilen.

Bodo und Kirsten erklärten ihr Problem. Plötzlich lachte die Mutter: „Mir ist gerade eine hervorragende Lösung eingefallen. Ich zeige euch, wie ihr die Arbeit so verteilen könnt, daß jeder zufrieden ist."

Als erstes legen sie eine Liste aller Arbeiten an, die im Laufe der Woche in der Wohnung anfallen.
Bodo: „Hier mein Schatz. Ich habe dir die Hälfte der Arbeiten angestrichen. Den Rest mache ich."

Frau Siewert: „Einer von euch stellt die Liste so auf, daß er mit jeder der beiden Hälften zufrieden wäre. Der andere wählt sich dann eine Hälfte aus. Ist das nicht einfach?"

Kirsten: „Nein, nein, mein Lieber, ich finde nicht, daß die Liste gerecht aufgeteilt ist. Du hast mir die ganze Drecksarbeit zugeschanzt und für dich die leichten Arbeiten übrigbehalten."

Ein Jahr später war es nicht mehr so einfach. Kirstens Mutter zog zu ihnen ins Haus und wollte ein Drittel der Hausarbeit übernehmen. Nun konnten sich die drei wieder nicht einig werden. Könnten Sie helfen?

Jetzt nahm sich Kirsten die Liste vor, und kreuzte alle Arbeiten an, die sie gern erledigen wollte. Bodo war nicht einverstanden: „Wenn du glaubst, daß ich den ganzen Rest übernehme, dann bist du verrückt!"

Während sie noch streiten, klingelt es. Draußen steht Kirstens Mutter.
Frau Siewert: „Worum streitet ihr Turteltäubchen denn? Man hört euch bis ins Treppenhaus."

Gerechte Teilung

Meistens wird das beschriebene Teilungsproblem anders formuliert. Die Aufgabe besteht dann darin, einen Kuchen so unter zwei Personen aufzuteilen, daß jede glaubt, mindestens die Hälfte bekommen zu haben. Das noch offene Problem ist äquivalent zu der Frage, wie man einen Kuchen so unter drei Personen aufteilen kann, daß jeder zufrieden ist.

Das Kuchenteilungsproblem läßt sich bei drei Personen folgendermaßen angehen: Eine Person bewegt ein großes Messer langsam über den Kuchen, ohne zu schneiden. Der Kuchen kann jede beliebige Form haben. Das Messer muß so bewegt werden, daß der Teil des Kuchens auf der einen Seite des Messers stetig zunimmt. Sobald einer der drei Beteiligten glaubt, das Messer sei in einer Position, um ein Stück der Größe von $1/3$ des Kuchenvolumens zu schneiden, ruft er: „Schneiden!" In demselben Augenblick wird geschnitten und der Rufer bekommt das Stück. Da dieser nun glaubt, er habe $1/3$ des Kuchens erhalten und damit zufrieden ist, scheidet er aus dem Teilungsritual aus. Falls zwei oder gar alle drei Personen gleichzeitig „Schneiden!" rufen, bekommt irgendeine das Stück.

Die restlichen zwei Personen sind der Ansicht, daß nun noch $2/3$ des Kuchens übrig sind. Das Problem ist damit auf den Fall von zwei Personen zurückgeführt und das Reststück kann so aufgeteilt werden, daß einer schneidet und einer wählt.

Diese Prozedur läßt sich leicht auf n Personen verallgemeinern. Das Messer wird langsam über den Kuchen bewegt und die erste Person die „Schneiden!" ruft, bekommt das Stück. Falls mehrere Personen gleichzeitig rufen, bekommt irgendeiner der Rufer das Stück. Anschließend wird die Prozedur mit n-1 übrig bleibenden Personen wiederholt. So wird fortgefahren, bis nur noch zwei Personen übrig sind. Diese teilen den Rest entweder wie oben beschrieben unter sich auf oder, noch einfacher, indem sie nochmals die Prozedur mit dem bewegten Messer anwenden. Diese allgemeine Lösung ist ein schönes Beispiel für den Beweis eines Algorithmus durch mathematische Induktion. Man sieht leicht, wie dieser Algorithmus angewandt werden kann, um gewisse Arbeiten auf n Personen so zu verteilen, daß jede mit ihrem Anteil zufrieden ist.

John Horton Conway, ein Mathematiker von der Universität Cambridge, hat das Problem der gerechten Teilung für den Fall stärkerer Nebenbedingungen untersucht. Bei der eben beschriebenen Prozedur glaubt jeder, mindestens seinen gerechten Anteil bekommen zu haben. Conway stellte sich die Frage, ob es auch ein Teilungsverfahren gibt, bei dem jeder glaubt, niemand anderes habe ein größeres Stück als er selbst erhalten? Wenn Sie darüber nachdenken, werden Sie feststellen, daß der eben beschriebene Algorithmus diese Bedingung nicht erfüllt, falls drei oder mehr Personen im Spiel sind. Conway und andere Mathematiker haben auch für die stärkere Version Lösungen gefunden, solange nur drei Personen von der Partie sind. Soweit wir wissen, ist das Problem für mehr als drei Personen bis heute ungelöst.

Akrobat auf schiefer Bahn

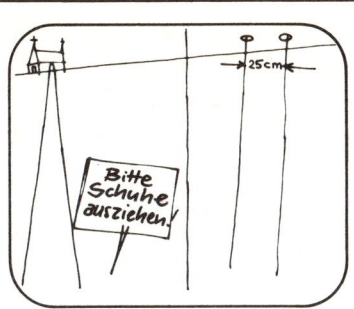

Im Turm einer alten Kirche hängen zwei wertvolle alte Glockenseile. Sie werden durch zwei kleine Löcher in der sehr hohen Decke geführt. Die Löcher sind 25 Zentimeter auseinander und gerade so groß, daß die Seile hindurchgehen.

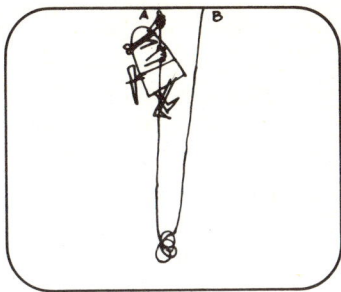

Toni hatte wirklich eine gute Idee. Zunächst knotete er beide Seile unten zusammen; dann kletterte er an einem Seil, nennen wir es Seil A, nach oben.

Toni, ein früherer Akrobat, hat sich aufs Klauen verlegt. Er möchte soviel wie möglich von beiden Glockenseilen abschneiden und mitnehmen.

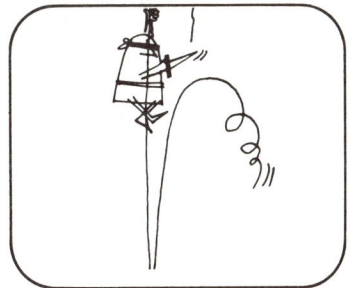

Oben angelangt, schnitt er Seil B etwa einen halben Meter unterhalb der Decke ab. Das noch herabhängende Stück band er zu einer Schlinge.

Toni: „Wie stelle ich das am besten an? In die Turmstube komme ich nicht, denn die Tür ist dreifach verschlossen.

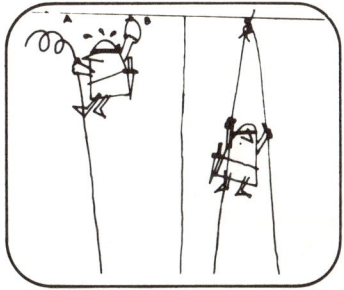

Dann hängte er sich mit einem Arm in die Schlinge und schnitt Seil A knapp unter der Decke ab, ohne es fallen zu lassen. Jetzt zog er A durch die Schlinge, bis die verknoteten Enden der beiden Seile oben waren.

Ich muß an den Seilen hochklettern und sie soweit oben wie möglich abschneiden. Doch die Decke ist so hoch, daß ich nicht einmal ein Drittel abschneiden kann, ohne mir beim Runterfallen die Beine zu brechen."

Nun kletterte er am Doppelseil zu Boden und zog, unten angelangt, das Seil nach. Hätten Sie das auch geschafft?

Toni dachte lange nach, bis ihm einfiel, wie er die beiden Seile fast in ihrer ganzen Länge in die Hand bekommen könnte. Wie wollte er das anstellen?

Seiltricks und andere Kunststücke

In der Geschichte sind die Nebenbedingungen nicht genau definiert und daher gibt es mehrere Lösungen. Die angegebene Lösung ist sehr praktikabel, aber vielleicht finden Sie noch einige andere Prozeduren, mit deren Hilfe der Dieb das Seil hätte stehlen können. Einige sind dann vielleicht noch besser als die hier angegebene.

Der Dieb könnte zum Beispiel einen Trompetenstek in Seil B knoten, wie in Bild 6 dargestellt. Dann hängt er sich an Seil B, schneidet A ganz oben ab und läßt es fallen. Darauf zerschneidet er das Mittelstück des Trompetensteks im Punkt X. Wie jeder Bergsteiger weiß, hält der Knoten, bis er am Seil B herabgeklettert ist. Wenn er dann an dem Seil schüttelt, geht der Knoten auf und der Dieb erhält B bis auf ein kleines Stück am oberen Ende.

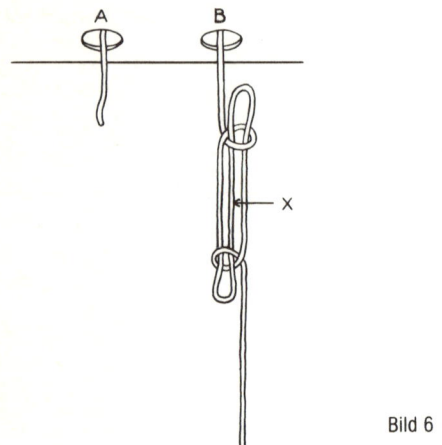

Bild 6

Hier ist noch eine Möglichkeit: Der Dieb klettert am Seil A bis unter die Decke. Mit einer Hand ergreift er B, beläßt sein Gewicht aber auf A. Dann schneidet er A an, bis das Seil fast abreißt. Nun verlagert er sein Gewicht gleichmäßig auf beide Seile und schneidet auch Seil B oben ein. An beiden Seilen kann er nun herunterklettern. Unten angekommen, reißt er jedes Seil einzeln mit einem starken Ruck ab.

Bei einer dritten Methode wird angenommen, daß die Löcher in der Decke ziemlich groß sind. Zunächst bindet der Dieb A und B unten zusammen. Dann klettert er an A empor, schneidet B oben ab

und steckt das Ende durch das zu B gehörende Loch. Nun reicht er durch das zu A gehörende Loch, ergreift das abgeschnittene Ende von B und zieht es durch, bis es den Boden erreicht und der Knoten sich unterhalb des Loches für B befindet. Jetzt ergreift er gleichzeitig das obere Ende von B und das, was früher das untere Ende von A war, hängt sich an diese beiden Seile und schneidet A unterhalb des zu A gehörenden Loches ab. Dann gleitet er an dem Doppelseil zu Boden und zieht das Seil nach.

Nun noch eine Variation dieser Lösung. Diesmal werden die Seile unten nicht zusammengebunden. Der Dieb klettert an A empor, schneidet B schon ab, steckt das Ende durch das Loch und zieht es durch das andere Loch wieder heraus. Das Ende wird nun wieder mit B verknotet, wie in Abbildung 7. Dann hängt sich der Dieb an B, schneidet A oben ab, bindet das Ende von A an den Knoten und klettert an B herab. Nun muß er nur noch an A ziehen, dann zieht sich B durch die Schlaufe und beide Seile fallen herab.

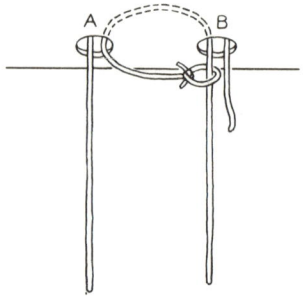

Bild 7

Noch eine Variante: Der Dieb erklettert A, bindet eine Schlaufe in B, hängt sich in die Schlaufe, schneidet A ab, steckt das abgeschnittene Ende durch das Loch und zieht es durch das Loch für B wieder heraus. Dann bindet er das Ende an die Schlaufe, hängt sich an beide Seile, schneidet B oberhalb der Schlaufe ab und klettert an beiden Seilen nach unten. Dann zieht er an B, bis beide Seile herunterfallen.

Bei einigen dieser Methoden würden allerdings die Glocken erklingen und der Dieb würde entdeckt werden. Einer der Vorteile der ursprünglichen Lösung besteht darin, daß der Dieb, wenn er sanft an B zieht, ehe er sich in die Schlinge hängt, das Erklingen der Glocke B vermeiden kann. Ehe er an A emporklettert, zieht er natürlich auch sanft an dem Seil, um das Läuten der Glocke A zu vermeiden.

Bei einer Reihe von Problemen, die dem der Flußüberquerung ähneln, wird ein langes Seil verwendet, das über einen Flaschenzug läuft. An beiden Enden des Seils befinden sich Körbe. Von der folgenden Version war sogar Lewis Carroll begeistert.

Eine Königin wird mit ihrem Sohn und ihrer Tochter im oberen Zimmer eines hohen Turms gefangen gehalten. Vor dem Fenster hängt ein Flaschenzug mit einem Seil, an dessen Enden sich jeweils ein Korb befindet. Die Körbe besitzen das gleiche Gewicht. Der Korb vor dem Fenster ist leer und in dem Korb am Boden befindet sich ein 30 kg schwerer Stein, der als Gegengewicht dient.

Die Reibung an der Rolle ist so groß, daß jemand, dessen Gewicht das Gewicht im anderen Korb um höchstens 6 kg übersteigt, noch sicher nach unten gelangen kann. Ist die Gewichtsdifferenz größer als 6 kg, so kommt der Korb mit zu großer Geschwindigkeit unten an und es besteht die Gefahr, daß der Insasse verletzt wird. Wenn ein Korb sich nach unten bewegt, so bewegt sich der andere natürlich nach oben zum Fenster.

Die Königin wiegt 78 kg, ihre Tochter 42 kg und ihr Sohn 36 kg. Was ist der einfachste Algorithmus — derjenige, der die geringste Anzahl Schritte erfordert — mit dem alle sicher zu Boden gelangen können? In jeden Korb passen zwei Personen oder eine Person und der Stein. Niemand hilft den Gefangenen bei der Flucht und sie können sich auch nicht selber helfen, indem sie an dem Seil ziehen. Mit anderen Worten, der Flaschenzug funktioniert nur, wenn das Gewicht in dem einen Korb das in dem anderen Korb übersteigt.

Die einfachste Lösung findet man am besten durch Simulation des Problems. Schreiben Sie die Gewichte auf verschiedene Kärtchen und bewegen Sie die Kärtchen hoch und runter. Es wird Ihnen nicht gelingen, alle drei Personen mit weniger als 9 Schritten zu retten. So wird es gemacht:

1. Sohn runter, Stein hoch
2. Tochter runter, Sohn hoch
3. Stein runter
4. Königin runter, Stein und Tochter hoch
5. Stein runter
6. Sohn runter, Stein hoch
7. Stein runter
8. Tochter runter, Sohn hoch
9. Sohn runter, Stein hoch

Manchmal werden Probleme dieser Art dadurch kompliziert, daß Tiere dazu genommen werden, die nicht ohne Hilfe von Menschen in oder aus den Körben gelangen können. Lewis Carroll hat folgende Variante zu obigem Problem vorgeschlagen: Zusätzlich zur Königin und deren beiden Kindern befinden sich noch ein Spanferkel von 24 kg Gewicht, ein Hund mit 18 kg und eine Katze mit 12 kg im Turmzimmer. Alle Bedingungen sind wie eben, nur muß jeweils jemand da sein, um den Tieren in und aus dem Korb zu helfen.

Versuchen Sie eine Lösung in nur 12 Schritten zu finden! Beachten Sie, daß bei allen Lösungen die letzte Person, die aus dem Korb steigt, schnell zur Seite springen muß, damit ihr der andere Korb mit dem Stein nicht auf den Kopf fällt!

Rettungsmanöver

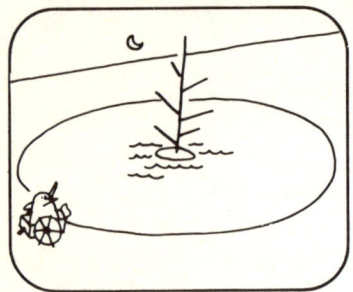

Manfred hat sein Auto am Ufer eines kleinen Sees geparkt.
Manfred: „Dieses Gelände ist ideal, um mein ferngesteuertes Modellflugzeug fliegen zu lassen. Weit und breit weder Steine noch Bäume, abgesehen von dem großen Baum drüben auf der kleinen Insel in der Mitte des Sees."

Manfred versuchte, das Flugzeug um diesen Baum herumzumanövrieren, aber er verschätzte sich mit der Entfernung. Das Flugzeug blieb am Baum hängen und fiel auf die Insel.

Manfred war außer sich vor Schreck. Er wollte sein teures Flugzeug auf jeden Fall wiederhaben, aber der See war tief, und er konnte nicht schwimmen. Im Auto hatte er ein Seil, das einige Meter länger war als der größte Durchmesser des Sees; aber er wußte nicht, was er damit hätte anfangen sollen.

Plötzlich aber hatte er eine Idee: **Manfred:** „Natürlich! Ich werde dabei zwar naß, aber ich bekomme mein Flugzeug in kurzer Zeit zurück." Woran dachte Manfred?

Denken ersetzt Schwimmen

Manfred bekommt sein Flugzeug durch das folgende geniale Verfahren zurück. Er bindet ein Ende des langen Seils an die vordere Stoßstange seines am See geparkten Autos. Mit dem anderen Ende in der Hand läuft er einmal um den See herum und legt so das Seil um den Baum auf der Insel. Dann zieht er das Seil an und bindet auch das andere Ende an die Stoßstange. Auf diese Weise entsteht ein festes Doppelseil, das sich vom Auto zum Baum erstreckt. Bodo kann zwar nicht schwimmen, aber er kann sich an dem Seil entlang zur Insel und zurück hangeln.

Bei folgendem uralten Rätsel muß ebenfalls mit vorhandenem Material ausgekommen werden, um vom Ufer auf eine kleine Insel zu gelangen. Jetzt befindet sich die Insel in der Mitte eines quadratischen Sees (siehe Bild 8). Ein Mann möchte trockenen Fußes vom Ufer zur Insel gelangen. Am Ufer liegen zwei identische Bretter, aber jedes Brett ist ein wenig zu kurz, als daß es vom Ufer zur Insel reichen würde. Wie kann er die beiden Bretter benutzen, um zur Insel zu gelangen?

Bild 8

Bild 9 zeigt die Lösung.

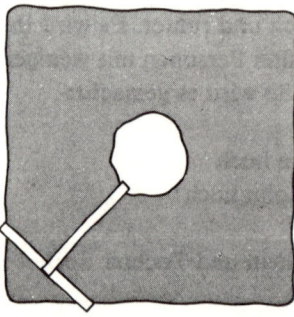

Bild 9

Wir wollen die Lösung verallgemeinern und annehmen, daß am Ufer mehr als nur zwei Bretter liegen. Können diese Bretter kürzer als die eben benutzten sein, wenn man damit immer noch in der Lage bleiben soll, eine Brücke zur Insel zu bauen?

Bild 10

Sie kommen wahrscheinlich leicht auf die Lösung mit drei Brettern aus Bild 10, aber kaum jemand entdeckt, daß bei Benutzung von 5 oder 8 Brettern diese noch kürzer sein können und doch den See überbrücken. Bild 11 zeigt die Lösung mit 8 Brettern.

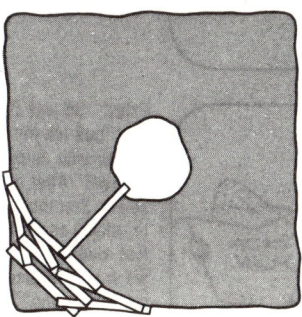

Bild 11

Wir idealisieren nun die Situation. Die Insel sei der Mittelpunkt des Quadrats und die Bretter seien Geradenstücke, die, statt sich zu überlappen, sich nur berühren müssen. Wir stellen uns vor, wir könnten unendlich viele Bretter benützen. Der Grenzfall ist in Bild 12 dargestellt. Wenn das Quadrat Seiten der Länge 2 hat, kommt man mit einer unendlichen Anzahl von Brettern der Länge $\sqrt{2}/2$ hin. Man kann das mit Hilfe des Satzes von Pythagoras beweisen.

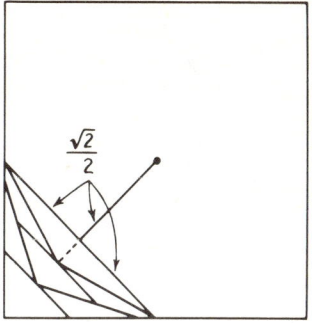

$$\frac{\sqrt{2}}{2}$$

Bild 12

Vielleicht haben Sie Lust, selbst ähnliche idealisierte Brückenprobleme bei Seen zu untersuchen, deren Ufer kein Quadrat bildet, sondern vielleicht ein Kreis oder ein reguläres Polygon.

Der bequeme Liebhaber

Peter hält sich für den größten Casanova aller Zeiten. Er möchte in München eine Wohnung mieten.

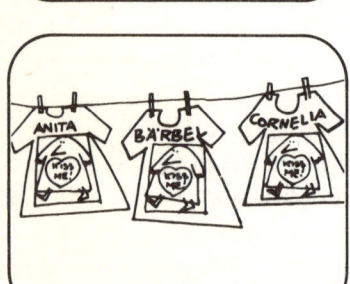

Peter hat dort drei Freundinnen und möchte möglichst nahe bei allen dreien wohnen.

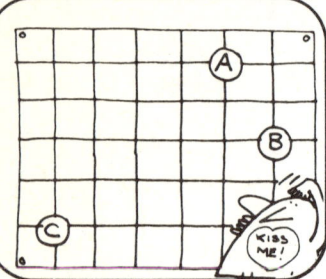

Peter markiert auf einem Stadtplan die Lage der Häuser, in denen die drei Mädchen wohnen.
Peter: „Nun wollen wir mal sehen. Ich muß mir eine Stelle aussuchen, von der aus die Summe der Entfernungen zu den Wohnungen meiner drei Freundinnen möglichst klein ist."

Er probierte und probierte und kam zu keinem Ende, aber plötzlich rief er: „aha! Jetzt habe ich eine Idee, wie ich die Stelle finden kann."

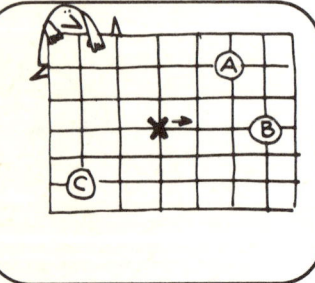

Peters geniales Verfahren bestand darin, sich vorzustellen, was die Mädchen jedesmal sagen würden, wenn er seinen Standort wechselte. Er begann an einer Stelle, die ganz vernünftig aussah, und stellte sich vor, einen Block nach Osten zu ziehen.

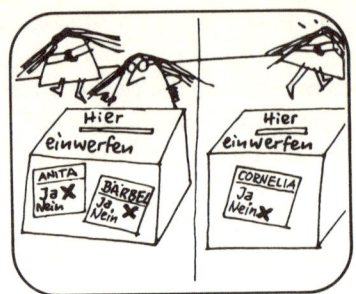

Peter: „Anita und Bärbel wären begeistert und würden mit ,Ja' stimmen, denn ich käme ihnen näher. Cornelia würde mit ,Nein' stimmen, aber ich gewinne mehr als ich verliere, also akzeptiere ich den Mehrheitsbeschluß."

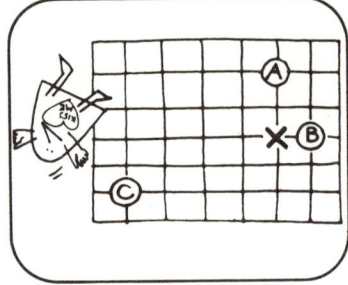

Wann immer sich eine Mehrheit ergab, führte Peter den entsprechenden Zug aus. Immer wenn das Mehrheitsvotum „Nein" war, versuchte er einen anderen Zug. Schließlich erreichte er einen Ort, von dem aus er ohne das Mehrheitsvotum „Nein" nicht mehr weiter kann. Er beschloß, dort zu bleiben.

Glücklicherweise fand er an dem Ort seiner Wahl eine freie Wohnung. Doch eine Woche später zog Bärbel sieben Straßen weiter.

Peter: „So was Dummes jetzt muß ich mir schon wieder eine neue Wohnung suchen!" Aber als Peter seinen Stadtplan überprüfte, stellte er mit Erstaunen fest, daß er bleiben konnte, wo er war. Haben Sie dafür eine Erklärung?

Wahl ohne Qual

Wenn Bärbel sieben Blocks nach Osten zieht, kann Peter bleiben, wo er ist. Sie könnte sogar beliebig weit nach Osten ziehen und doch würde sich nichts daran ändern, daß sich Peters Apartment an optimaler Stelle befindet.

Die Güte dieses Algorithmus werden Sie vielleicht eher würdigen, wenn Sie ihn einmal auf einem größeren Gitter mit mehr als drei markierten Punkten ausprobiert haben. Sie werden herausfinden, daß man mit diesem Verfahren ziemlich schnell denjenigen Ort bestimmen kann, für den die Summe der Entfernungen zu allen markierten Punkten minimal ist; allerdings stimmt das nur, wenn die Anzahl der markierten Punkte ungerade ist. Warum nur dann? Weil bei der Wahl sonst ein Unentschieden auftreten könnte. Immer wenn ein Unentschieden auftritt, stoppt das Verfahren.

Vielleicht haben Sie Spaß daran, einmal folgende verwandten Fragen zu untersuchen:

1. Kann man ein Verfahren finden, das auch für eine gerade Anzahl von markierten Punkten funktioniert?
2. Unter welchen Bedingungen hat eine Verschiebung eines oder mehrerer markierter Punkte keinen Einfluß auf die Lage des optimalen Ortes?
3. Ändert sich irgend etwas an dem Verfahren, wenn man auch die Straßenbreite in Betracht zieht?
4. Ändert sich an dem Verfahren etwas, wenn kein Punkt, auch nicht der Optimalpunkt, auf einer Straßenkreuzung liegen muß?
5. Funktioniert das Verfahren für jedes beliebige Netzwerk aus geraden Straßen?
6. Funktioniert das Verfahren auch, wenn die Straßen nicht unbedingt Geraden sind?

Das Verfahren funktioniert auf jedem Straßennetz, aber nicht in der Ebene, wenn keine Straßen vorgeschrieben sind. Das allgemeine Problem lautet wie folgt: Zu gegebenen n Punkten in der Ebene finde man einen Punkt x derart, daß die Summe aller Entfernungen von x zu den n Punkten so klein wie möglich ist. Wir betrachten zum Beispiel drei Städte A, B und C, die durch Punkte in der Ebene repräsentiert seien. Wo sollte ein Flugplatz liegen, damit die Summe der Entfernungen zu den drei Städten mini-

mal ist? Das ist offenbar nicht dasselbe, als wenn man die Entfernungen längs Autostraßen betrachtet. Mit anderen Worten: Der ideale Standort für einen Flughafen ist nicht unbedingt auch für einen Busbahnhof ideal.

Die Lösung zu diesem Problem ist geometrisch nicht leicht zu erhalten. Es stellt sich heraus, daß der Flugplatz in dem Punkt liegen sollte, in dem die drei zu den Städten führenden Geraden drei Winkel von jeweils 120° bilden. Im Falle von vier Städten, die in den Ecken eines konvexen Vierecks liegen, sollte der Flughafen im Schnittpunkt der beiden Diagonalen liegen. Das läßt sich leicht beweisen: Das allgemeine Problem, den Punkt x für jede gegebene Zahl von Punkten zu finden, ist viel schwieriger.

Können Sie sich eine einfache mechanische Vorrichtung (einen Analogrechner) denken, mit deren Hilfe sich der Punkt x für drei beliebige Punkte in der Ebene finden läßt? Wir benutzen als Ebene die Oberfläche eines Tisches. In jedem der drei Punkte bohren wir ein Loch durch die Tischplatte. Dann binden wir drei Bindfäden zusammen, stecken die freien Enden durch die drei Löcher und hängen drei gleich schwere Gewichte daran. Die drei gleichen Gewichte entsprechen den drei gleichen „Stimmen" in Peters Wahlverfahren. Die Position, die der Knoten auf dem Tisch einnimmt, entspricht dem Punkt x. Dieses Verfahren funktioniert natürlich deshalb, weil eine Isomorphie zwischen der Struktur des mathematischen Problems und der Struktur des physikalischen Modells besteht.

Wir wollen nun das ursprüngliche Problem komplizieren. Statt einzelner Freundinnen in den Punkten A, B und C nehmen wir an, daß diese Punkte Gebäude repräsentieren, in denen Schulkinder wohnen. In A leben 20, in B 30 und in C 40 Kinder. Alle sollen die gleiche Schule besuchen. Wo sollte diese Schule liegen, wenn die Summe der Fußweglängen aller 90 Schüler minimal sein soll?

Wenn die Schüler sich nur entlang von Straßen bewegen dürfen, können wir wieder das Wahlverfahren anwenden. Wir geben einfach jedem Schüler eine Stimme. Wenn nun die drei Gebäude in der Ebene liegen und die Schüler in gerader Linie zur Schule gehen dürfen (wie das auf dem Lande manchmal der Fall ist, wo die Kinder Abkürzungen über die Felder nehmen können), können wir dann unser physikalisches Modell auch hier zur Lösung heranziehen?

Ja, nur müssen wir statt gleicher Gewichte die Gewichte proportional zur Anzahl der Kinder in jedem Gebäude wählen. Dann wird der Knoten in dem Punkt zu liegen kommen, in dem die Schule gebaut werden sollte.

Würde unser Analogrechner auch funktionieren, wenn die Anzahl der Schüler in einem Gebäude die Summe der Schülerzahlen in den anderen beiden Gebäuden übersteigt? Zum Beispiel: 20 Kinder in A, 30 in B und 100 in C? Ja, alles funktioniert wie vorher. Das Gewicht, der 100 Schüler würde den Knoten an das Loch C ziehen. Daraus folgt (ganz richtig), daß die Schule in C gebaut werden sollte.

Würde unser Analogrechner auch bei mehr als drei Punkten richtig arbeiten? Ja, das Verfahren läßt sich auf n Punkte verallgemeinern. Allerdings wird es dann wegen der Reibung ineffektiv.

Graphentheorie ist ein schnell wachsender Zweig der Mathematik. Sie handelt von Ecken (Punkten), die durch Kanten (Linien) verbunden sind. Es gibt Dutzende von graphentheoretischen Problemen, die mit dem Auffinden minimaler Wege zu tun haben. Einige konnten gelöst werden, andere sind noch ungelöst. Es folgt ein berühmtes gelöstes Problem:

Man verbinde n Punkte in der Ebene durch Geraden so miteinander, daß die Gesamtlänge des Netzwerks minimal ist. Es dürfen keine neuen Ecken hinzugefügt werden. Ein solches Netzwerk heißt ein „minimales Gerüst". Können Sie einen Algorithmus entwickeln, mit dessen Hilfe man so ein Netzwerk konstruieren kann?

Kuskals Algorithmus (so benannt nach seinem Erfinder Joseph B. Kuskal) findet es wie folgt:

Bestimmen Sie die Entfernungen zwischen je zwei Punkten und markieren Sie in aufsteigender Reihenfolge die kürzeste Entfernung mit 1, die nächste mit 2 und so weiter. Wenn zwei Entfernungen gleich sind, spielt es keine Rolle, welche zuerst markiert wird. Verbinden Sie die beiden Punkte mit der Entfernung 1 durch eine gerade Linie. Dann die Punkte mit den Entfernungen 2, 3, 4, 5 und so weiter, ziehen Sie aber niemals eine Linie, wenn dadurch ein geschlossener Linienweg (Kreis) entstehen würde. Ignorieren Sie dieses Punktepaar und fahren Sie mit der nächsten Entfernung fort. Als Ergebnis erhalten

Sie schließlich ein minimales Gerüst, das alle Punkte verbindet.

Solche minimalen Gerüste haben interessante Eigenschaften. Zum Beispiel schneiden sich die Linien nur in den n Punkten und jeder Punkt liegt auf höchstens 5 Linien.

Minimale Gerüste sind nicht unbedingt die kürzesten Netzwerke, die n Punkte miteinander verbinden. Erinnern Sie sich: Wir hatten verlangt, daß keine neuen Punkte hinzugefügt werden dürfen. Wenn man diese Voraussetzung fallen läßt, kann man kürzere Netzwerke konstruieren. Ein einfaches Beispiel wird durch die vier Ecken eines Einheitsquadrats gegeben. Das minimale Gerüst besteht aus drei beliebigen Seiten dieses Quadrats (Bild 13 links). Angenommen, wir dürften neue Punkte hinzunehmen. Gibt es dann ein Netzwerk, das die vier Eckpunkte des Quadrats verbindet und kürzer ist als 3?

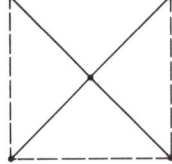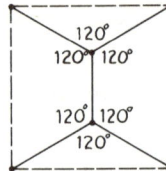

Bild 13

Zunächst nimmt man an, das minimale Netzwerk bestehe aus den beiden Diagonalen (Bild 13, Mitte), aber das ist nicht der Fall. Bild 13 rechts zeigt die Lösung. Die beiden Diagonalen haben eine Gesamtlänge von $2\sqrt{2} = 2.82\ldots$ Das optimale Netzwerk hat die Gesamtlänge $1 + \sqrt{3} = 2{,}73\ldots$

Das allgemeine Problem, n Punkte in der Ebene durch ein Netzwerk minimaler Länge zu verbinden, wobei neue Punkte hinzugenommen werden dürfen, heißt „Steinersches Problem". Es ist für Spezialfälle gelöst, aber man kennt keinen gutartigen (polynomial beschränkten) Algorithmus zum Auffinden der „Steiner-Punkte" (neue Punkte) eines minimalen Steiner-Baums. Das Problem hat viele technische Anwendungen, vom Design von Chips für Mikroprozessoren bis zur Konstruktion minimaler Netzwerke für Eisenbahn- und Fluglinien, Telefonverbindungen und anderer Formen des Verkehrs und der Kommunikation.

Hygiene im Dschungel

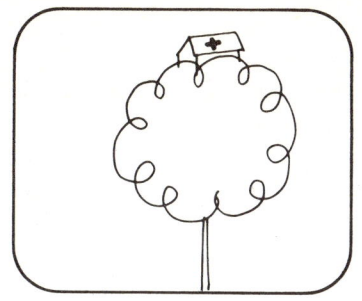

Tief im tropischen Dschungel befindet sich ein Hospital, in dem drei Chirurgen arbeiten. Schmidt, Jahn und Runge.

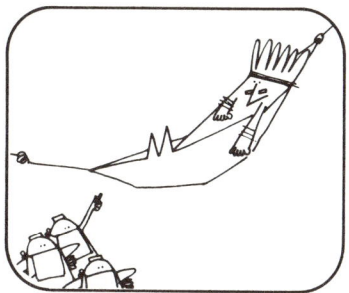

Von einem Stammeshäuptling wird vermutet, daß er an einer seltenen, hochinfektiösen Krankheit leidet. Alle drei Chirurgen müssen ihn nacheinander operieren. Um die Sache zu komplizieren, könnte sich jeder der drei Chirurgen bereits bei der Untersuchung des Häuptlings angesteckt haben.

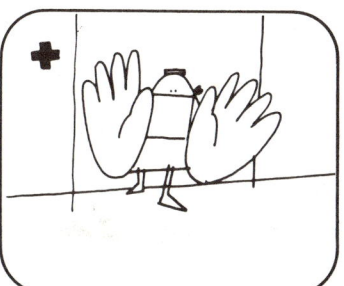

Jeder Chirurg muß bei der Operation Gummihandschuhe tragen. Wenn er sich bereits infiziert hat, verseuchen seine Bakterien die Innenseiten der von ihm getragenen Handschuhe. Wenn der Häuptling die Krankheit hat, wird die Außenseite jedes Handschuhs verseucht, der ihn berührt.

Die Operation soll gerade beginnen, als Schwester Luise in den Operationssaal gerannt kommt:
Schwester Luise: „Ich habe schlechte Nachrichten für Sie!"

Wir haben nur noch zwei Paar sterile Handschuhe. Ein Paar ist blau, das andere weiß."

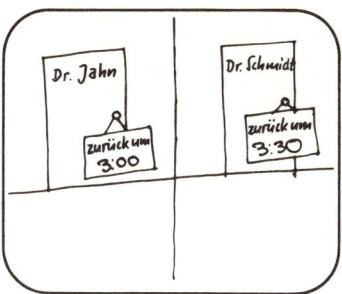

Dr. Jahn: „Was, nur zwei Paare? Wenn ich zuerst operiere, könnten beide Seiten meiner Handschuhe verseucht sein. Wenn Dr. Schmidt als nächster operiert, könnten auch beide Seiten seiner Handschuhe verseucht sein. Dann sind für Dr. Runge keine sterilen Handschuhe mehr übrig."

Plötzlich hatte Dr. Schmidt einen Vorschlag.
Dr. Schmidt: „Angenommen, ich ziehe beide Paare übereinander, die blauen über die weißen. Eine Seite jedes Paares würde möglicherweise verseucht, aber jedes Paar behielte noch eine sterile Seite."

Dr. Jahn setzte den Gedanken fort. **Dr. Jahn:** „Ich sehe, worauf Sie hinauswollen. Ich kann das blaue Paar tragen, dessen Innenseite noch steril ist. Dann kann Dr. Runge das weiße Paar wenden und die sterile Seite nach innen tragen. So kann sich keiner von uns an einem anderen oder am Häuptling anstecken."

Schwester Luise: „Das ist soweit ganz gut für Sie, meine Herren, aber Sie vergessen den Häuptling. Wenn einer von Ihnen die Krankheit bereits hat, der Häuptling aber nicht, dann wird er sich bei Ihnen anstecken."

Schwester Luises Bemerkung haute die Chirurgen um. Was sollten sie jetzt machen? Doch einen Augenblick später rief Schwester Luise: „Ich weiß, wie Sie alle drei operieren können, ohne daß einer von Ihnen oder der Häuptling angesteckt wird!"

Keiner der Herren Doktoren konnte sich denken, wie das zugehen sollte. aber als Schwester Luise das Vorgehen erklärt hatte. waren sich alle einig. daß es so funktionieren würde. Wüßten Sie. was zu tun wäre?

Innen und außen

Ehe wir Schwester Luises geniales Verfahren erklären, wollen wir uns zunächst die erste Prozedur, die nur die drei Chirurgen schützt, ansehen.

Seien W1 die Innenseiten des weißen Handschuhpaares und W2 dessen Außenseiten. Entsprechend seien B1 die Innenseiten und B2 die Außenseiten des blauen Paares.

Dr. Schmidt zieht beide Paare an, zunächst die weißen und dann die blauen. W1 könnte nun durch ihn und B2 durch den Häuptling kontaminiert sein. Nach der Operation zieht Dr. Schmidt beide Paare aus. Dr. Jahn zieht nun das blaue Paar an, so daß die sterilen Seiten B1 seine Handflächen berühren. Dr. Runge stülpt das weiße Paar um und trägt die Seiten W2 an seinen Handflächen.

Nun zu dem Verfahren von Schwester Luise.

Dr. Schmidt trägt, wie eben, beide Paare. Die Seiten W1 und B2 sind nun möglicherweise kontaminiert, während W2 und B1 steril bleiben.

Dr. Jahn trägt nun das blaue Paar, B1 nach innen.

Dr. Runge stülpt das weiße Paar um und trägt W2 nach innen. Dann zieht er das blaue Paar über das weiße, so daß B2 außen liegt.

Auf diese Weise wird der Häuptling nur von der Seite B2 berührt, kann also durch keinen der drei Chirurgen infiziert werden.

Soweit wir wissen, ist dieses Problem noch nicht so weit wie möglich verallgemeinert worden. Mit welcher minimalen Zahl von Handschuhen können n Chirurgen k Patienten so operieren, daß sich weder die Patienten noch die Chirurgen an irgend jemandem anstecken können?

Kapitel 6

Sprache
aha!

Besonders bei Mathematikern sind Wortspiele sehr beliebt. Man könnte ganze Bücher füllen mit — mehr oder weniger guten — Kalauern der Art: „Wer rächt, hat nie recht."

Woher kommt diese Vorliebe? Wörter sind eigentlich nur Kombinationen von Buchstaben (oder, in gesprochener Form, Lauten) in einer anerkannten Reihenfolge, so wie Sätze Sequenzen von Wörtern sind, bei denen die Regeln des Satzbaus zu beachten sind. Sprache hat also etwas von der mathematischen Disziplin der Kombinatorik an sich. Die Ähnlichkeiten gehen oft bis ins Detail. Die Interpunktion entspricht mathematischen Symbolen wie Klammern, Plus- und Minuszeichen. Sogenannte magische Quadrate (von denen noch zu reden sein wird) gibt es sowohl mit Zahlen wie mit Buchstaben.

Es gibt als „Palindrome" (griech.: Rückläufer) Wörter und sogar Sätze, die vorwärts wie rückwärts gelesen gleich lauten. Ihnen entsprechen auch palindrome Zahlen. Sie spielen in der Zahlentheorie sogar eine besondere Rolle. Auch als Quadrate und Würfel kommen sie vor. In der Teilung oder Abtrennung von Wörtern gibt es ebenfalls Parallelen zur Zahlentheorie.

Sehr viel Spaß kann man haben, wenn man Buchstaben als geometrische Figuren ansieht. Dabei spielen oft Symmetrieprobleme herein. Man kann ein- oder zweimal spiegeln, drehen und so weiter. Durch die Darstellung von Ziffern in dem Display elektronischer Rechengeräte haben sich manche Zahlenausdrücke als Buchstabenverbindungen lesen lassen, wenn man sie um 180° dreht.

Buchstaben müssen nicht unbedingt ihre starre Form behalten. Man kann sie auch elastisch verformen als topologische Figuren, die durch stetige Veränderungen ineinander übergehen. In diesem Sinne sind zum Beispiel Kreis, Dreieck und Rechteck verwandt.

Auch die mathematische Logik spielt bei Wortproblemen mit, etwa im Falle doppelter Verneinung, bei der man sich leicht täuschen kann, zumal der Sprachgebrauch oft schwankt. Nicht umsonst haben die Logiker daher eine „Metasprache" (Übersprache) entwickelt, um — gerade auch bei trivialen Aussagen — unbedingt für Eindeutigkeit zu sorgen.

Dieses letzte Kapitel des Buches soll das leichteste und unterhaltsamste sein. Vielleicht haben Sie sich schon gewundert, daß überhaupt ein Kapitel über Wortspiele in einem Buch über mathematischen Zeitvertreib vorkommt? Nicht nur, weil Mathematiker Wortspiele lieben. Sie eröffnen uns einen Zugang zu unerwarteten und wichtigen Seiten der ernsthaften Mathematik.

Professor W. O. Wortler

Hier stellt sich Ihnen Prof. Dr. Walter O. Wortler vor, ein berühmter Mathematiker.

Prof. Wortler ist ein beliebter Fernsehstar und „Wortquizmeister". Seine Gäste können schöne Preise gewinnen, wenn sie seine raffinierten Worträtsel lösen.

Prof. Wortler: „Wortspiele sind wie Mathematik. Die Symbole sind Buchstaben und Wörter. Welche Kombinationen erlaubt sind. lehren uns die Regeln der Rechtschreibung und Grammatik."

Prof. Wortler: „Hier einige Beispiele. Erstens, was ist das Gegenteil von ‚Nicht drin?'"

Prof. Wortler: „Weiter. Welches aus 6 Buchstaben bestehende Wort schreiben alle Professoren falsch?"

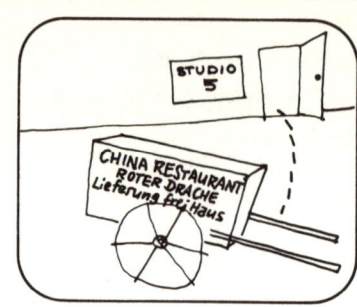

Prof. Wortler: „Haben Sie es herausgekriegt? Das Gegenteil von ‚Nicht drin' ist ‚Drin'. Und das Wort, das alle Professoren falsch schreiben, ist ‚falsch'. Von so etwas werden Sie in dieser Show noch mehr bekommen! Aber jetzt ist es Zeit. daß ich meinen ersten Gast hereinbitte."

Nicht nicht

Man ist leicht geneigt, zu denken, das Gegenteil von „nicht drin" wäre „draußen"; in Wirklichkeit aber ist es natürlich „drin". Zwei Verneinungen ergeben etwas Positives, wie in der Multiplikation bei der Algebra und in der formalen Logik. Hier einige Beispiele:

1. $x = (7 - 3) - [(-4 + 1)]^3$.

2. Eine Schlagzeile: „Senat verwirft Gesetzesvorlage zur Ablehnung des Gesetzes gegen Geburtenkontrolle."

3. Der Philosoph Alfred North Whitehead dankte einmal einem Redner dafür, daß er „die Dunkelheit des Objekts ungetrübt gelassen habe".

4. Ein junger Mann erhielt von seiner Freundin den folgenden Brief: „Ich muß erklären, daß ich nur Spaß gemacht habe, als ich schrieb, daß ich nicht meinte, was ich sagte, hinsichtlich der Überprüfung meines Entschlusses, meine Meinung nicht zu ändern. Das will ich wirklich."

5. Der Mathematiklehrer: „Ich habe den Eindruck, daß ich Ihnen nicht die Bedeutung der Negation klarmachen kann; daher werde ich es nicht weiter vesuchen." Der Schüler: „Ah, ich verstehe, was Sie sagen wollen, und ich freue mich, daß Sie bereit sind, fortzufahren."

6. In der Umgangssprache werden von vielen Völkern oft doppelte Verneinungen benutzt um — entgegen der logischen Regel — die Verneinung zu verstärken. Im Russischen ist das sogar in bestimmten Fällen vorgeschrieben. Der Berliner spricht sich und anderen Mut zu mit den Worten: „Darum keene Bange nich!" Ähnlich versteht man den Ausdruck, mit dem man sich etwa für ein schmackhaftes Essen bei der Dame des Hauses bedankt: „Nicht unübel!" (Logisch würde das bedeuten: recht übel!)

7. Ein Professor der Logik verkündet seiner Hörerschaft, daß er keine natürliche Sprache kenne, in der zwei positive Ausdrücke entgegen der Regel zur Bezeichnung einer negativen Bedeutung benutzt werden. Darauf eine sarkastische Stimme aus dem Hintergrund: „Ja, ja!"

Die Frage mit „falsch" ist darum verfänglich, weil man geneigt ist, das Umstandswort „falsch" auf das Tätigkeitswort „schreiben" zu beziehen, statt es selbst als Objekt aufzufassen, was grammatisch wie logisch durchaus möglich ist. In solchen Fällen sind Anführungszeichen nützlich und üblich. Mit ihnen kann ein Wort aus der gewöhnlichen Sprache in eine „Sprache über Sprache" herausgehoben werden. Die Semantiker reden hier von „Metasprache".

Hier noch zwei Beispiele aus der Kalauerkiste:

Wie Herr, hieß das Pferd?
Zu jung war der chinesische Mathematiker.

Und wäre der Satz: „Ich möchte einen Bindestrich zwischen die Wörter Würstl und Und und Und und Kraut setzen in meinem Schild Würstl Und Kraut" nicht deutlicher geworden, wenn man vor Würstl und zwischen Würstl und und, und und und Und, und Und und und, und und und Und, und Und und und, und und und Kraut, sowie nach Kraut je ein Anführungszeichen gesetzt hätte?

Shee Lee Hoi

Professor Wortler lud Herrn Hoi als Gast in seine Show, denn er hatte eine ungewöhnliche Telefonnummer. Verstehen Sie den eigenartigen Zusammenhang zwischen Shee Lee Hoi und seiner Rufnummer?

Sie brauchen seinen Namen nur umzudrehen, dann bekommen Sie die Telefonnummer.

ShEE LEE hOl

Jede Ziffer, wie sie in Elektronenrechnern ange-
zeigt wird, kann, wenn man sie umdreht, als Buchstabe aufgefaßt werden. Daraus haben sich in den
letzten Jahren ungeahnte Möglichkeiten für Spiele-
reien ergeben.

Angefangen hat es wahrscheinlich mit einer Geschichte aus dem arabisch-israelischen Krieg, die Do-
nald E. Knuth, ein bekannter Computerfachmann,
ausgeheckt hat. „*337* Araber und *337* Israelis
kämpften um ein quadratisches Grundstück von
8,424 Metern Seitenlänge. Wer hat gewonnen? Um
das herauszubekommen, bilde man das Quadrat von
337 und addiere es zu dem Quadrat von *8,424*. Das
ergibt *7 1,077.345*. Diese Zahl ergibt umgedreht die
Wörter: *ShE'LLO'L* (Shell Oil).

Wie aus umgedrehten Zahlzeichen Buchstaben
werden, zeigt diese Tabelle:

0	0	5	S
1	I	6	g
2	Z	7	L
3	E	8	B
4	h	9	b

Hier noch einige Beispiele:
1. Wie heißt die Hauptstadt des amerikanischen
   Staates Idaho?
   4×8777.
2. In welchem Loire-Schloß ließ Henri III den Her-
   zog von Guise ermorden?
   6×8513.
3. Wie lautet der der griechischen Mythologie ent-
   lehnte Name eines Jupitermondes, auf dem kürzlich aktive Vulkane entdeckt wurden?
   $10 : 100$.
4. Der arme Mensch hatte ein schweres
   3×13^2.
5. Vor Müdigkeit waren seine Glieder schwer wie
   26×53.
6. $2 + (900 \times 82)$ ist der König der Pelze.

Sexspiele

Prof. Wortler: „Herr Hoi, für unser erstes Problem brauchen wir diese 18 Stäbchen. Für 10 Mark sollten Sie 9 Stäbchen wegnehmen, so daß ‚6' übrigbleiben."

Herr Hoi: „Konfuzius sagt, ‚Wenn man ein Problem nicht lösen kann, soll man es leichten Herzens aufgeben.'"
Prof. Wortler: „Geben Sie noch nicht auf, Herr Hoi! Bedenken Sie, daß das hier ein Wortquiz ist. ‚Sechs' kann man auch in Buchstaben ausdrücken."

Herr Hoi: „Daran habe ich schon gedacht. Aber ‚sechs' hat zu viele Buchstaben, um hier hereinzupassen."

Prof. Wortler: „Unsere Zeit ist leider um. Leider haben Sie nicht bedacht, daß ‚sechs' auch anders geschrieben werden kann."

Zahlenspiele mit Streichhölzern

Das Spiel mit den Stäbchen beruhte darauf, daß „6" auch mit Buchstaben ausgedrückt werden kann und daß ferner die Wörter „sechs" und „Sex" gleich klingen. Au!

Man kann natürlich auch Zahlzeichen und arithmetische Symbole wie +, −, = in die Zahlenspiele einbeziehen. Zum Beispiel:

$$18 - 13 = 8$$

$$18 - 7 = 8$$

Dieses Beispiel ist schon etwas raffinierter, weil es den Umstand ausnutzt, daß die Addition einer Null den Zahlenwert nicht ändert.

Man soll aus der falschen Gleichung $11 - 10 = 11$ eine richtige machen. Dafür gibt es nicht weniger als vier Lösungen:

$$1 + 10 = 11$$

$$11 - 10 = 1^1$$

$$11 + 0 = 11$$

$$1 - 10 \neq 11$$

Hierbei wurden allerdings schon Potenzrechnung und eine „Ungleichung" einbezogen. Also mehr für Fortgeschrittene!

Unzählige Möglichkeiten bieten Wortverwandlungen der Art, wie man durch weniger Liebe zur Ehe kommt:

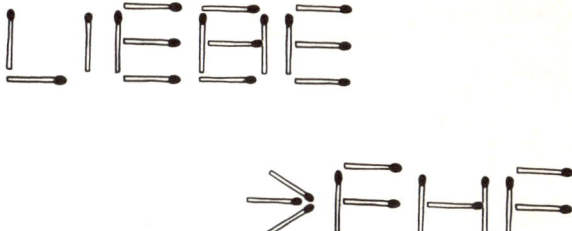

Ein Mini-Kreuzworträtsel

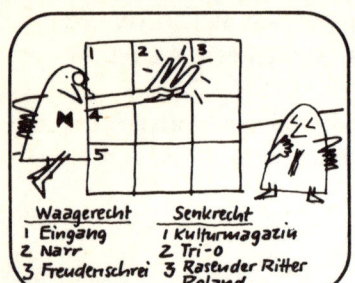

Waagerecht
1 Eingang
2 Narr
3 Freudenschrei

Senkrecht
1 Kulturmagazin
2 Tri-o
3 Rasender Ritter Roland

Prof. Wortler: „Jetzt haben Sie eine Chance. 20 Mark zu gewinnen, Herr Hoi. Dieses Kreuzworträtsel ist so einfach, daß es nur sechs Definitionen enthält, die genau ein Quadrat füllen. Sie haben drei Minuten Zeit."

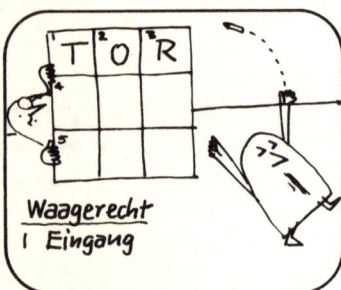

Waagerecht
1 Eingang

Nach drei Minuten hat Herr Hoi nur die erste Zeile herausgebracht. **Herr Hoi:** „Es tut mir leid, Herr Professor, mir fällt nichts weiter ein, was Sinn ergibt."

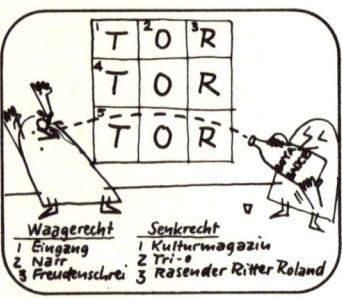

Waagerecht
1 Eingang
2 Narr
3 Freudenschrei

Senkrecht
1 Kulturmagazin
2 Tri-o
3 Rasender Ritter Roland

Prof. Wortler: „Das tut mir auch meinerseits leid. Sie sind nicht darauf gekommen, daß alle drei Reihen gleich lauten. Ein Wort kann ja verschiedene Bedeutungen haben. Wenn Sie jetzt die Lösung sehen, werden Sie bemerken, daß auch die Definitionen in den senkrechten Reihen irgendwie sinnvoll sind."

Prof. Wortler: „Während wir auf unseren nächsten Gast warten, habe ich noch ein Quickie für die Zuschauer daheim. Können Sie aus den sieben Buchstaben an der Tafel hier durch Umordnen **ein** Wort machen?"

Magische Quadrate und Anagramme

Kreuzworträtsel stellen Kombinationsaufgaben, bei denen Folgen von Symbolen (Buchstaben) einander kreuzen. Heute kann man mit Computern, in deren „Gedächtnis" die Wörter der natürlichen Sprache eingespeichert sind, Kreuzworträtsel sehr leicht lösen. Man kann auch Programme schreiben, die ihrerseits Kreuzworträtsel verfassen.

In den meisten Kreuzworträtseln kommen „Löcher" vor, die durch schwarze Quadrate markiert sind oder neuerdings auch zur Aufnahme der Definitionen benutzt werden. Eine Art Kreuzworträtsel ohne Leerstellen — wie das in unserem Quiz gerade vorgekommene — sind die „Magischen Quadrate". Hier einige Beispiele, bei denen die Wörter waagerecht und senkrecht gleich sind:

A L T	R A T	G N U
L E A	A H A	N I L
T A U	T A U	U L M

E T A T	G O N G	R E D E
T A B U	O B E R	E B E R
A B E R	N E R O	D E N N
T U R M	G R O G	E R N A

Fünffache Quadrate sind schon schwieriger, wie etwa:

M A S S E

A N T O N

S T U N K

S O N D E

E N K E L

Das berühmteste magische Quadrat, bei dem die Wörter sogar alle noch rückwärts gleich gelesen werden können, lautet:

S A T O R

A R E P O

T E N E T

O P E R A

R O T A S

Es ist lateinisch und ergibt einen richtigen Satz, wenn man das eigentlich nicht existierende AREPO als Eigennamen auffaßt: „Der Sämann Arepo hält mit Mühe die Räder." Diese Buchstabenfolge wurde bis ins 18. Jahrhundert als (wirklich so gemeinte) magische Formel benutzt und hat eine unübersehbare Menge gelehrter Untersuchungen zum Thema.

Die Lösung von Prof. Wortlers letzter Aufgabe steht im Anhang. Sie lautet:

EIN WORT

Den dahintersteckenden Kalauer-Trick kennen wir schon.

Allgemein bezeichnet man Wort- und Buchstabenspiele, bei denen es darauf ankommt, durch Umordnung einen anderen Sinn herauszubringen, als *Anagramme*. Sehr beliebt sind sie als Visitenkartenrätsel, wo aus einer — mitunter recht abenteuerlichen — Buchstabenfolge meist der Wohnort oder Beruf der betreffenden Person zu erraten ist. Hier möge ein lateinisches Beispiel genügen, das den bekannten Ausspruch des Pilatus zum Inhalt hat: „Was ist Wahrheit?" Die Antwort lautet in Übersetzung sehr passend: „Sie ist der anwesende Mann" (Christus).

QUID EST VERITAS
EST VIR QUI ADEST

Marie Belle Beiram

Prof. Wortlers nächster Gast ist Marie Belle Beiram. Was ist an ihrem Namen so ungewöhnlich?

Vielleicht helfen Ihnen die Buchstaben auf dieser Tafel. Sie haben nämlich die gleiche Eigenschaft.

„Reliefpfeiler" und „Marie Belle Beiram" sind sogenannte Palindrome, das heißt Buchstabenfolgen, die vorwärts wie rückwärts gelesen gleich lauten. Das war uns gerade schon in der „Sator-Arepo-Formel" begegnet.

Bilderrätsel

Prof. Wortler: „Marie, ich begrüße Sie als Gast in meiner Show. Unser erstes Problem stellt sich, wenn ich so sagen darf, bildlich dar. Jedes Bild drückt einen mathematischen Begriff aus."
Marie: „Das verstehe ich nicht ganz, Professor Wortler."

Prof. Wortler: „Hier ist ein Beispiel. Wie lautet das mathematische Wort für diese Kopfbedeckung?"
Marie: „Ganz einfach — es ist ein Zylinder."

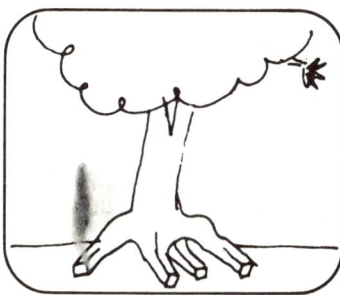

Prof. Wortler: „Stimmt. Was kann hier gemeint sein?"
Marie: „Hm, der Baum hat so komisch eckige Wurzeln. Sollen das ‚Quadratwurzeln' sein?"

Prof. Wortler: „Bravo! Jetzt kommt etwas schwarzer Humor."
Marie: „Der eine Ritter schlägt den anderen in zwei Teile. Vielleicht als ‚Teiler'?"

Prof. Wortler: „Hier kommt ein wichtiges mathematisches Symbol sogar doppelt vor. Was könnte das sein?"
Marie: „Offenbar ‚Pipi', also zweimal die Kreiszahl. Aber jetzt reicht es mir!"

Prof. Wortler: „Nur noch eins ohne Bilder, zum Abgewöhnen. Wie drückt man es mathematisch aus, wenn in einer Ehe ein Nebenbuhler (oder, sorry, eine Nebenbuhlerin) auftritt?" **Marie:** „Das wäre ein Dreieck." **Prof. Wortler:** „Marie, Sie haben gewonnen."

Wortbilder oder Bildwörter

Bilder, die auf irgendeine drollige Weise Wörter oder Sätze darstellen, nennt man Rebusse. Das Wort „Rebus" stammt übrigens aus alten Studentenulkspielen „de *rebus* quae geruntur" (über Dinge, die passieren). Sie waren besonders im 19. Jahrhundert in illustrierten Hauszeitschriften vertreten. Eine hübsche Sammlung von Nachdrucken bietet Nr. 22 der „bibliophilen Taschenbücher", Harenberg Kommunikation, Dortmund 1978.

Dem Rebus verwandt sind Wortschreibungen in einer Form, durch die ihre Bedeutung ausgedrückt wird — vorzugsweise im Bereich der Mathematik. Man könnte geradezu von „Mathemanie" sprechen. Hier einige Beispiele:

Häufig wird dieses Ausdrucksmittel auch in der Werbegrafik und in Trickfilmen angewandt. Beispiele gibt es auf Schritt und Tritt.

$$\frac{\text{TOPOLOGIE}}{\text{HÄL FTE}}$$

$$\frac{\text{GRAPH}}{}$$

$$\frac{S^{IN}U^{SS}CHW^{ING}U_N G}{}$$

$$_{DIL}AT^{AT}ION$$

$$\frac{\text{ENDPUN}_{kt}}{}$$

$$\frac{E^{x}\text{PONENT}}{}$$

$$\frac{_{FUSS}\text{NOTE}}{}$$

$$\frac{_{DACH}ZIE_{GEL}}{\text{PE RI OD IS CH}}$$

$$\frac{\text{ADDI}}{\text{TION}}$$

$$\frac{\text{MULTIPL}}{Y}$$

$$\frac{R O_{T}{}_{A}}{N_{O I}{}^T}$$

$$\begin{array}{c}K\\R\\\text{WEG}\\U\\Z\end{array}$$

$$|\text{MAT}|\\|\text{RIX}|$$

Drollige Sätze

Prof. Wortler: „Ihre nächste Aufgabe besteht darin, daß ich Ihnen einige Sätze zeige, bei denen Sie herausfinden sollen, was daran so besonders ist. Für jede richtige Lösung bekommen Sie 50 Mark."

Prof. Wortler: „Hier ist der erste Satz. Lesen Sie ihn sorgfältig durch, aber kitzeln Sie mich bitte nicht weiter!"
Marie: „Was soll ich da machen? Sie sind so nett, daß man direkt auf dumme Gedanken kommt."

Prof. Wortler: „Mit Kitzeln können Sie keine 50 Mark bei mir gewinnen."
Marie: „Na schön. Die Aufgabe ist ganz einfach. Der Satz ist ein Palindrom, genau wie sein Name. Er lautet vorwärts und rückwärts gleich."

Prof. Wortler: „Dafür kommt es jetzt viel schwieriger. Ich zeige Ihnen einen englischen Satz. Sie brauchen ihn aber nicht übersetzen zu können, um herauszufinden, worin seine Besonderheit liegt."

Marie: „Mal sehen. Er sieht beinahe auch wie ein Palindrom aus, ist aber keins . . . Jetzt habe ich's. Wenn man ihn ganz umdreht, lautet er genau so."

Prof. Wortler: „Ausgezeichnet, Marie! Nun der letzte Satz."

Marie: „Ich merke das Prinzip dahinter. Jedes Wort ist um einen Buchstaben länger als das vorangehende."

Prof. Wortler: „Stimmt genau. Noch einmal 50 Mark! Was wollen Sie mit all dem Geld anfangen?"
Marie: „Ich lade Sie heute zum Abendessen ein. Und dann nehme ich Sie mit in mein Appartment, um Ihnen meine Sammlung von Wörterbüchern zu zeigen."

Prof. Wortler: „Danke, Marie! Das ist eine gute Idee. Also auf bald! Nun haben wir noch Zeit für ein weiteres Quickie, ehe unser nächster Gast kommt."

Prof. Wortler: „Welches aus vier Buchstaben bestehende Wort spricht jeder Student ‚kaum' aus?"

Noch mehr Palindrome

In jeder gängigen Sprache, die sich einer Buchstabenschrift bedient, sind Tausende prächtiger Palindrome erdacht worden. Versuchen Sie es ruhig einmal selbst! Mit einiger Geduld läßt sich da schon etwas finden. Ein Beispiel haben wir schon vorhin gehabt: EIN NEGER MIT GAZELLE ZAGT IM REGEN NIE.

Grammatisch stimmt der Satz, wenn er auch nicht besonders geistreich ist. Das gleiche gilt für: LEG IN EINE SO HELLE HOSE NIE 'N IGEL!

Ganze Sätze sind natürlich immer schwierig zu bilden. Das Spiel ist schon sehr alt. Es folgen zwei lateinische Sätze:

ROMA TIBI SUBITO MOTIBUS IBIT AMOR
(Rom, zu dir wird durch Bewegungen plötzlich die Liebe kommen)
und IN GIRUM IMUS NOCTE ET CONSUMIMUR IGNI (Nachts gehen wir in den Kreis und werden vom Feuer verzehrt).

Solche Sätze, auch (oder gerade) wenn ihr Sinn etwas dunkel war, spielten eine große Rolle als Zaubersprüche, weil man durch Rückwärtsaufsagen ihre Wirkung nicht aufheben konnte, da der Wortlaut erhalten blieb.

Noch je ein englisches und französisches Satzpalindrom:

ESOPE RESTE ICI ET SE REPOSE
A MAN, A PLAN, A CANAL — PANAMA!

Besonders im Englischen gibt es sogar ganze Kurzgeschichten, in denen nicht die Buchstaben einzeln rückwärts gelesen werden, sondern jeweils ganze Wörter. Ein paar Beispiele dafür hat der Verfasser schon früher einmal zitiert (Martin Gardner, Das gespiegelte Universum. Vieweg & Sohn, Braunschweig 1967).

Mathematisch gesprochen haben Palindrome zweiseitige Symmetrie. Die gleiche Art von Symmetrie haben die Körper des Menschen und der meisten Tiere (Ausnahme etwa: Seesterne). Auch viele Dinge des täglichen Gebrauchs sind bilateral symmetrisch — Stühle, Kaffeetassen und so weiter. Typisch für alle diese Objekte ist, daß sie den gleichen Anblick bieten, wenn man sie in einem einfachen Spiegel betrachtet.

Ziffern sind ebenso Symbole wie Buchstaben; und eine palindrome Zahl bleibt in beiden Richtungen gelesen gleich — etwa 1234321.

Es gibt da ein berühmtes, noch ungelöstes Problem: Man nehme eine beliebige Zahl in Dezimalschreibweise, kehre sie um und addiere diese beiden Zahlen. Jetzt wiederholt man dieses Verfahren mit dem Ergebnis und setzt dies so lange fort, bis ein Palindrom herauskommt. Die Zahl 68 erzeugt auf diese Weise in drei Schritten ein Palindrom:

$$
\begin{array}{r}
86 \\
+\ \ 68 \\
\hline
154 \\
+\ 451 \\
\hline
605 \\
+\ 506 \\
\hline
1111.
\end{array}
$$

Nun vermutet man, daß man mit jeder beliebigen Ausgangszahl irgendwann einmal zu einem Palindrom kommen sollte, nach einer endlichen Anzahl von Schritten.

Bisher weiß noch niemand, ob das zutrifft. Immerhin wurde schon bewiesen, daß diese Vermutung bei Binärschreibweise (also jede Zahl durch Nullen und/oder Einser dargestellt, wie im Innern von Elektronenrechnern allgemein üblich) nicht zutrifft, auch nicht für irgendeine andere Schreibweise, die auf Potenzen der Zahl 2 beruht.

Mit Computern hat man die Mutmaßung experimentell untersucht. Dabei zeigt sich, daß 196 vielleicht die kleinste Zahl ist, bei der kein Palindrom herauskommt. Jedenfalls haben Hunderttausende von Schritten nicht zum Ziel geführt.

Ein besonderer Fall sind Palindromzahlen, die zugleich Primzahlen sind (die also nur durch sich selbst und die 1 ohne Rest teilbar sind). Ob es unendlich viele solcher palindromen Primzahlen gibt, wie zum Beispiel 30103 und 30203, konnte noch niemand beweisen. Die eben angeführten Zahlen zeichnen sich noch dadurch aus, daß sie sich nur in der unmittelbar aufeinanderfolgenden mittleren Ziffer unterscheiden. Das reizt die Zahlentheoretiker besonders!

Auf jeden Fall muß eine palindrome Primzahl eine ungerade Anzahl von Ziffern enthalten. Andernfalls ließe sie sich nämlich durch 11 teilen.

Quadratzahlen, wie 121 (11 × 11), sind ungewöhnlich oft Palindrome. Das gleiche gilt für Kubikzahlen. Man kann sogar mit einiger Zuversicht erwarten, daß eine palindrome Kubikzahl auch eine palindrome Quadratzahl hat (11 × 11 × 11 = 1331 als einfachstes Beispiel). Was palindrome vierte Potenzen angeht, so hat eine Computerstudie ergeben, daß sich keine einzige derartige Zahl finden ließ, deren vierte Wurzel nicht auch ein Palindrom war. Andererseits hat man noch keine fünfte Potenz entdeckt, die ein Palindrom wäre. Es sieht so aus, als ob für Zahlen x^k mit k > 4 die Palindrome aufhören.

Der Satz NOW NO SWIMS ON MON dürfte einer der längsten je ausgeknobelten sein mit Symmetrie bei Drehung um 180°. Mit einzelnen Wörtern lassen sich, besonders, wenn man die Buchstaben entsprechend gestaltet, eher Beispiele dafür finden. Im Deutschen denkt man sofort an SOS. Für das Englische und Französische dürfen wir auf die Abbildung verweisen.

Einen Satz wie vorhin „Er und sein Vater kennen manchen lustigen Kameraden persönlich" nennt man auch Schneeballsatz, weil die Länge der Wörter lawinenartig zunimmt. Die auf diesem Gebiet besonders eifrigen (und durch ihre endungsarme Sprache mit vielen kurzen Wörtern bevorzugten) Angelsachsen haben solche Sätze von erstaunlicher Länge ausgeheckt.

Die Antwort auf die letzte Frage lautet natürlich „kaum". Derart triviale Fragen lassen sich leicht vermehren. Etwa:

Welches Wort sprechen wir bequem aus?
Welches von allen aus sieben Buchstaben bestehende Wort ist optimal zu schreiben?

Graf Fito

Der nächste Gast ist der Graf Fito, ein großer Mäzen moderner Kunst. Prof. Wortler fand das recht lustig. Können Sie sich denken, warum er sich so über den Namen des Gastes amüsierte?

Man braucht nur die beiden Bestandteile des Namensschildes zusammenzunehmen, dann erhält man eine in der Kunstgeschichte durchaus geläufige Bezeichnung für Kritzeleien an Wänden, die nur selten etwas mit hoher Kunst zu tun haben.

Stea Khaus

So trivial dieses Beispiel sein mag, es zeigt doch, wie wichtig der Zwischenraum ist, um einen Text richtig zu verstehen. Die Zwischenräume zwischen Wörtern spielen eine ähnliche Rolle wie in der Arithmetik und Algebra die Klammern, Trennstriche, Nullen ecetera. Oft genügt eine ganz geringfügige Änderung, um die Bedeutung eines mathematischen Ausdrucks völlig zu verändern, so wie aus Graf Fito Graffito wurde. Ein in der englischen Originalfassung dieses Buches gewähltes, hübsches Beispiel ist auch der Name Nosmo King, aus dem durch Verlegung des Zwischenraums die bekannte Vorschrift No Smoking wird.

Im Deutschen sind weniger leicht Beispiele für überraschende Effekte durch Variation von Trennungen zu finden als im Englischen, wo aus *nowhere now here* oder aus *romancement* lässig *Roman cement* zu machen ist. Natürlich lassen sich drollige Worttrennungen ausfindig machen, wie die bekannten *Blumento-Pferde*. Ein hübsches Beispiel, daß in einer zusammenhängende Kurzgeschichte zahlreiche Vornamen stecken können, wenn man die Worttrennungen geschickt manipuliert, stammt von Annemarie Enß und stand auf der „3. Seite" der „HÖRZU" (1981, Heft 21), die überhaupt eine Fundgrube an Wort-und Buchstabenspielen darstellt.

Namhafte Satzschachtelstory
Mit einer TromPETERannte
HermANNAuf DIETERrasse und
bLIESEinen ChoRALFür die
ZuschauERNAtürlich wARNOch
eINGEneral dabei, dENNOhne
ihn keINAuftreten der
Heilsarmee!
DocHEINZuschauer fiELSEhr
auf: Im LauFRITZte er mit
einem NagELLAngsam die
Trompete auf. Ein
gROBERTusch erstarb. Wie
ein WiesELKEhrte er flink
wie dERWINd um und floh.

Es wäre übrigens eine nette Scherzpreisaufgabe, wenn man jemandem die Geschichte in normaler Schreibweise vorlegt und er dann möglichst alle darin steckenden Vornamen herausfinden soll, oder wenigstens in einer vorgegebenen Zeit möglichst viele! Es gibt auch direkte arithmetische Analogien. Etwa:

$$1\underline{5} \ + \ 1\underline{1} \ = \ \underline{2}6.$$

streicht man die unterstrichenen Zahlen aus, so bleibt:

$$1 \ + \ 1 \ = \ 2.$$

Diese Gleichung stimmt ebenso wie die gestrichene:

$$5 \ + \ 1 \ = \ 6.$$

Wer Zeit und Lust hat, kann noch kompliziertere Fälle konstruieren.

Eine Familie im Quadrat

Prof. Wortler: „Ihre erste Aufgabe, Graf Fito, für die Sie sechs Kisten Zigarren gewinnen können, betrifft dieses Buchstabenquadrat, auf dem die Namen von vier Mitgliedern einer Familie stehen."

Prof. Wortler: „Wenn Sie drei gerade Striche ziehen, können Sie leicht jede Person in ein eigenes Abteil bringen. Können Sie es aber auch mit nur zwei geraden Strichen schaffen?"
Graf Fito: „Nein, das geht nicht."

Prof. Wortler: „Falsch! Es ist ganz einfach. Vielleicht hat der Zigarrenrauch ihren Geist etwas vernebelt."

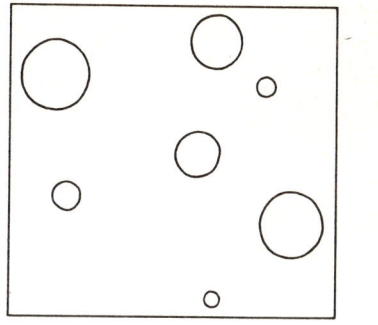

Bild 1

Auf den Strich kommt es an!

Bei dieser Aufgabe bestand der Kniff darin, daß jedes der Wörter in zwei Teile zerlegt werden kann, die in anderer Kombination dieselben Wörter ergeben.

Es gibt viele Rätselaufgaben, bei denen gerade Linien so gezogen werden sollen, daß auf dem betreffenden Blatt dargestellte einzelne Dinge von einander abgegrenzt werden. Ein typisches Beispiel dafür bietet Bild 1. Können Sie 3 gerade Linien so eintragen, daß jeder Kreis ein eigenes Feld bekommt? Der Trick besteht darin, daß die geraden Linien nicht rechtwinklig verlaufen müssen, daß andererseits aber wirklich durch drei Geraden bis zu 7 Gebiete erzeugt werden können.

Interessante Variationen dieser Idee ergeben sich, wenn man Zahlen anstelle von Kreisen benutzt. Dann müssen die geraden Linien so gezogen werden, daß die Summen aller Zahlen in jedem Gebiet jeweils gleich sind, oder daß sonst irgendeine gemeinsame Eigenschaft für die Zahlen jedes Gebietes gefordert wird. Das können Sie einmal mit Bild 2 ausprobieren: Es sind vier gerade Linien zu ziehen, derart, daß 11 Gebiete entstehen, in denen die Zahlen immer 10 als Summe ergeben. Die Lösung finden Sie am Ende des Buches.

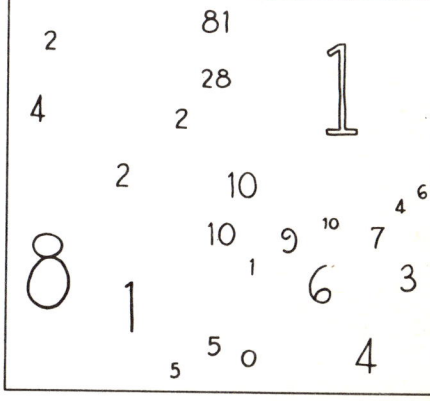

Bild 2

Ein Mißverständnis

Prof. Wortler: „Ich gebe Ihnen noch eine neue Chance. die sechs Kisten mit Zigarren zu gewinnen. Dieses Bierlokal hat ein Schild im Fenster. das zu Mißverständnissen Anlaß gibt. "

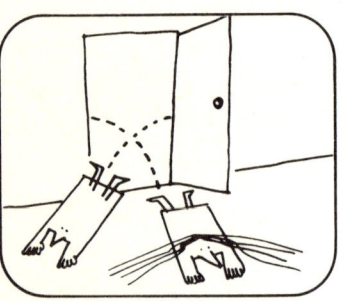

Prof. Wortler: „Wenn Jugendliche unter 18 Jahren im Vertrauen auf die Ankündigung glauben. dort mit Alkohol bedient zu werden, wird man ihnen nichts geben und sie zum Verlassen des Lokals auffordern. "

Prof. Wortler: „Der Wirt erklärt. daß der Schildermaler ein Ausrufungszeichen vergessen und außerdem aus falschem Schönheitsgefühl ein Wort in die nächste Zeile gerückt hat. "

Leider konnte Graf Fito auch diese Aufgabe nicht lösen. Prof. Wortler mußte ihm zeigen, wie es gemacht wird.

Interpunktionen und Zeichen

In alten Rätselbüchern findet man allerhand Aufgaben, bei denen ein unsinniger Satz durch Änderung der Interpunktion in Ordnung gebracht werden kann. Es soll sogar schon vorgekommen sein, daß auf eine Anfrage höheren Orts, welcher von zwei Bewerbern um ein begehrtes Amt die Stelle erhalten solle, Müller oder Schulze, die Antwort MÜLLER NICHT SCHULZE verstanden wurde als: „Müller nicht, Schulze!" anstatt: „Müller, nicht Schulze!" So dumm kann es gehen, wenn man beim Telegraphieren sparen will!

In dem folgenden Prosagedicht müssen alle Zeilen von der dritten an in der Mitte geteilt und mit ihrer zweiten Hälfte jeweils der folgenden ersten Hälfte zugeordnet werden, um einen richtigen Sinn zu ergeben:

> Manch seltsam Ding sah ich in meiner Stadt:
> Als ich spazieren ging mit unbeschwertem Sinn,
> Sah ich den Stein hoch in der Luft
> Sah ich die Lerche bärenstark
> Sah ich den Elefant mit Hand und Arm
> Sah ich das Baby Stahl und Eisen biegend
> Sah ich den Schmied fast eine Tonne schwer
> Sah ich das Standbild lachend froh beim Spiel
> Sah ich den Schüler fast fünf Meter groß
> Sah ich den Baum hoch über Berg und Tal
> Sah ich den Regenbogen schwarz und weiß kariert
> Sah ich den Schirm spazierend durch die Stadt
> Sah ich den Gauner stets gerecht und gut
> Sah ich den braven Mann
> und außerdem sah ich den Stein.

Auch hier gibt es wieder Analogien zu Zahlenrätseln. Betrachten Sie einmal die folgende falsche Gleichung:

$$1 + 2 + 3 + 4 + 5 + 6 + 7 + 8 + 9 = 100.$$

Wie kann man daraus eine richtige Gleichung machen, indem man auf der linken Seite die „Interpunktion" ändert? Dazu genügen lediglich drei Zeichen und passendes Zusammenschieben der Ziffern unter Weglassen von Pluszeichen:

$$123 - 45 - 67 + 89 = 100.$$

Es gibt auch noch eine Lösung mit der größtmöglichen Menge von Plus- und Minuszeichen:

$$1 + 2 + 3 - 4 + 5 + 6 + 78 + 9 = 100.$$

In beiden Fällen durfte die Reihenfolge der Ziffern nicht geändert werden. Dazwischen liegen noch neun andere Lösungen:

$$123 - 45 - 67 + 89 = 100$$
$$123 + 4 - 5 + 67 - 89 = 100$$
$$123 + 45 - 67 + 8 - 9 = 100$$
$$123 - 4 - 5 - 6 - 7 + 8 - 9 = 100$$
$$12 - 3 - 4 + 5 - 6 + 7 + 89 = 100$$
$$12 + 3 + 4 + 5 - 6 - 7 + 89 = 100$$
$$1 + 23 - 4 + 5 + 6 + 78 - 9 = 100$$
$$1 + 2 + 34 - 5 + 67 - 8 + 9 = 100$$
$$12 + 3 - 4 + 5 + 67 + 8 + 9 = 100$$
$$1 + 23 - 4 + 56 + 7 + 8 + 9 = 100$$
$$1 + 2 + 3 - 4 + 5 + 6 + 78 + 9 = 100$$

Das gleiche Problem kann mit absteigender (gleichfalls unveränderlicher) Ziffernfolge gestellt werden. Dafür gibt es 15 Lösungen, sofern wir, wie in der vorangegangenen Aufgabe, die Verwendung eines Minuszeichens vor der ersten Ziffer ausschließen. Hier sind die Lösungen:

$$98 - 76 + 54 + 3 + 21 = 100$$
$$9 - 8 + 76 + 54 - 32 + 1 = 100$$
$$98 - 7 - 6 - 5 - 4 + 3 + 21 = 100$$
$$9 - 8 + 7 + 65 - 4 + 32 - 1 = 100$$
$$9 - 8 + 76 - 5 + 4 + 3 + 21 = 100$$
$$98 - 7 + 6 + 5 + 4 - 3 - 2 - 1 = 100$$
$$98 + 7 - 6 + 5 - 4 + 3 - 2 - 1 = 100$$
$$98 + 7 - 6 - 5 - 4 - 3 + 2 - 1 = 100$$
$$98 + 7 - 6 + 5 - 4 - 3 + 2 + 1 = 100$$
$$98 - 7 + 6 + 5 - 4 + 3 - 2 + 1 = 100$$
$$98 - 7 + 6 - 5 + 4 + 3 + 2 - 1 = 100$$
$$98 + 7 - 6 - 5 + 4 + 3 - 2 + 1 = 100$$
$$98 - 7 - 6 + 5 + 4 + 3 + 2 + 1 = 100$$
$$9 + 8 + 76 + 5 + 4 - 3 - 2 - 1 = 100$$
$$9 + 8 + 76 + 5 - 4 + 3 + 2 + 1 = 100$$

Wenn man ein Minuszeichen zu Beginn erlaubt, ergeben sich noch drei weitere Lösungen für die absteigende Reihe und eine weitere für die aufsteigende:

$$-9 + 8 + 76 + 5 - 4 + 3 + 21 = 100$$
$$-9 + 8 + 7 + 65 - 4 + 32 + 1 = 100$$
$$-9 - 8 + 76 - 5 + 43 + 2 + 1 = 100$$
$$-1 + 2 - 3 + 4 + 5 + 6 + 78 + 9 = 100$$

Natürlich braucht man sich bei der „Interpunktion" nicht auf Plus- und Minuszeichen zu beschränken; und die Summe rechts braucht auch nicht 100 zu sein.

Zum Schluß für Sie zur Übung die Aufgabe, die folgende Gleichung durch Einfügen eines einzigen Klammerpaares in Ordnung zu bringen:

$$1 - 2 - 3 + 4 - 5 + 6 = 9.$$

Die Lösung finden Sie am Ende des Buches.

Geheimnisvolle Symbole

Prof. Wortler: „Jetzt. Graf Fito, werden wir Ihnen drei Reihen seltsamer Symbole zeigen. In jeder steckt ein Wort. Wenn Sie wenigstens eines davon herausbringen, erhalten Sie die Zigarren. Hier ist die erste Aufgabe. Erkennen Sie dje Lösung?"

Graf Fito: „Nein, da muß ich passen. Was soll es bedeuten?"
Prof. Wortler: „Es ist einfach Ihr Name. **Fito.** Die Buchstaben waren bloß auf der Zeile gespiegelt, wie sich eine Bergkette in einem See spiegelt."

Prof. Wortler: „Nun, vielleicht schaffen Sie die zweite Aufgabe.'"

Der Graf konnte nur mit dem Kopf schütteln, als er die Lösung erfuhr.
Prof. Wortler: „Diesmal kamen die Zeichen so zustande, daß jeder einzelne Buchstabe an einer vertikalen Symmetrieachse gespiegelt wurde. Sehen Sie, wie einfach das eigentlich ist?" **Graf Fito:** „Für mich ist es nicht einfach."

Prof. Wortler: „Hier jetzt die letzte Aufgabe. Sie haben immer noch eine Chance. Vier kleine Striche zugefügt, ergeben ein einfaches Wort."

Auch diese Aufgabe konnte der Graf nicht lösen. Prof. Wortler mußte je zwei kleine waagrechte und senkrechte Striche anbringen; dann ergab sich das Wort RAUCH.

Spaß mit Spiegeln

In der ersten Aufgabe, um die es eben ging, war jeder Buchstabe an einer horizontalen Symmetrieachse gespiegelt worden. Gewisse Buchstaben (hier geht es vornehmlich um „große lateinische" Buchstaben) werden durch solche Spiegelung nicht verändert, zum Beispiel O, K und I. Gibt es noch mehr?

Auch die Spiegelung an einer Hochachse, wie bei der zweiten Aufgabe, läßt manche Buchstaben unverändert, etwa M, O und I. Buchstaben wie O und I sind gegen Spiegelungen beider Art unempfindlich; sie besitzen zwei Symmetrieachsen. Man kann einen Spiegel darunter oder daneben halten, ohne daß sich etwas ändert.

Können Sie ein Wort finden, das bei Spiegelung an der Horizontalen unverändert bleibt? Hier ist eines:

BEIKOCH.

Auch wenn das Schild

A
U
T
O
T
A
X
I

sich an einer (senkrechten) Schaufensterscheibe spiegelt, bleibt es unverändert.

Durch Spiegelungskombinationen nach Art der zweiten Aufgabe vorhin kann man hübsche Vexieraufgaben erzeugen. Was bedeuten zum Beispiel diese „magischen" Symbole?

Vielleicht etwas schwieriger ist diese Aufgabe:

Das Wort RAUCH in der dritten Aufgabe war auf ganz andere Art versteckt. Dahinter steckt übrigens das Problem der „Redundanz" von Symbolen, das heißt die Frage, wieviel man weglassen kann, ohne die Erkennbarkeit unmöglich zu machen. Dazu können Sie leicht selbst Experimente anstellen, indem Sie etwa eine Zeile in Druckschrift mit einem Lineal nach und nach immer weiter von unten nach oben (oder umgekehrt) abdecken und beobachten, was dabei herauskommt. Was kleine „Verzierungen" an manchen Buchstaben ausmachen, zeigen auch die Fälle C—G, Q—O und T—I.

Das goldene Datsu

Prof. Wortler: „Leider haben Sie die Zigarren nicht gewonnen, Graf Fito. Aber Sie waren ein so netter Mitspieler, daß ich Ihnen wenigstens als Trostpreis dies goldene DATSU überreichen möchte."

Graf Fito: „Vielen Dank! Aber sagen Sie bitte, Prof. Wortler, was ist denn überhaupt ein DATSU?" **Prof. Wortler:** „Nun, gibt es vielleicht irgendetwas, was Sie sich schon immer gewünscht haben, aber nie **dazu** gekommen sind?"

Graf Fito: „Oh ja, ich habe mir schon immer gewünscht, ein Flugzeug lenken zu können." **Prof. Wortler:** „Also jetzt haben Sie endlich Gelegenheit **dazu.** Alles Gute, Graf Fito, und vielen Dank, daß Sie uns beehrt haben!"

Prof. Wortler: „Während unser nächster Gast noch in der Garderobe hergerichtet wird, möchte ich Ihnen zu Hause noch ein Quickie als Aufgabe stellen. Vielleicht schalten Sie schnell Ihren Videorecorder auf Standbild, um in Ruhe die Lösung auszuknobeln."

Adi Morstuz

Der letzte Gast in der Show ist Fräulein Adi Morstuz. Was meinen Sie wohl, warum sie zum Mitspielen ausgesucht wurde?

Prof. Wortler: „Der Name unserer letzten Kandidatin hat eine ungewöhnliche, recht seltene Eigenschaft. Alle Buchstaben folgen darin in alphabetischer Ordnung. Versuchen Sie einmal, aus dem Telefonbuch solche Namen herauszubekommen!"

Das Große ABC

Namen mit alphabetischer Buchstabenfolge sind wirklich schwer zu finden. Ein einfaches Beispiel ist der kurze Vorname BETTY. Aber damit ist man schon beim vorletzten Buchstaben des Alphabets angelangt, und für einen Familiennamen bleibt dann nichts mehr übrig. Ein etwas längeres, aber eigens erfundenes Beispiel wäre: ABEL STUVY.

Anders ist es mit alphabetischer Reihenfolge, wenn diese nur für die Anfangsbuchstaben von Sätzen, speziell in Gedichten, gefordert wird. Dafür gibt es in der Literatur viele Beispiele. Am berühmtesten und wohl auch ältesten sind die hebräischen Verse in den Klageliedern des Jeremias, wo in den ersten drei Kapiteln jeder Vers aus drei Zeilen besteht, die immer mit dem gleichen Konsonanten beginnen. Bei Kapitel 4 sind es dann nur noch je zwei Zeilen, bei denen die zweite nicht immer „stimmt"; und das letzte Kapitel (5) hat zwar auch ebenso viele Verse wie das hebräische Alphabet Konsonanten, aber ohne erkennbare alphabetische Ordnung. Einen Rekord stellt der hebräische Psalm 119 dar, in dem jeweils acht Zeilen in alphabetischer Folge mit demselben Buchstaben beginnen.

Drollige Buchstabenfolgen

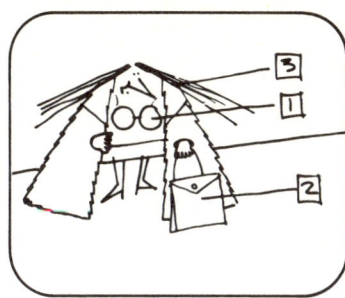

Prof. Wortler: „Passen Sie jetzt gut auf. Fräulein Morstuz! Ich will Ihnen drei Fragen stellen. in denen es um Buchstabenfolgen geht. Wenn Sie eine richtig beantworten. bekommen Sie einen Badeanzug, bei zweien eine Handtasche und bei drei richtigen Lösungen außerdem noch eine Nerzstola."

Prof. Wortler: „Hier die erste Frage. Beachten Sie bitte, daß in dem Alphabet auf der Tafel einige Buchstaben fett hervorgehoben sind. Dahinter steckt eine bestimmte Auswahlregel. Was hat sich der Graphiker dabei gedacht?"

Frl. Morstuz studiert die Buchstaben fast eine Minute lang, ehe sie antwortete. **Frl. Morstuz:** „Heureka — ich hab's! Jeder fette Buchstabe hat mindestens eine krumme Linie. während die normalen ausschließlich aus geraden Strichen bestehen."

Prof. Wortler: „Der Badeanzug gehört Ihnen schon. Jetzt geht es um die Handtasche. Nach welcher Regel wurden bei diesem Alphabet die Buchstaben unterschieden?"

Frl. Morstuz: „Mal überlegen. Kurven sind es nicht. Löcher nicht. und reimen tun sie sich auch nicht! Hm — aha! Ich seh's. Die fetten Buchstaben sind alle topologisch äquivalent. Sie entsprechen alle einer geraden Linie. die zwar beliebig geknickt und gebogen, aber nie geschlossen ist."

Prof. Wortler: „Ausgezeichnet, Fräulein Morstuz! Jetzt geht's um die Nerzstola. Versuchen Sie bitte, in dieser Buchstabenfolge drei Zeichen so auszustreichen, daß der Rest in der gegebenen Reihenfolge den Namen eines sehr bekannten Schriftstellers ergibt."

Fräulein Morstuz brauchte einige Zeit, bis sie dann doch die erlösende Idee hatte. Sie strich säuberlich DREI ZEICHEN aus. Dann blieb KARL MAY stehen. Das war's!

Sie freute sich so kolossal, daß sie Prof. Wortler heftig in den Arm nahm und ihm einen Kuß gab.

Die Topologie des Alphabets

Das erste Problem dreht sich um den geometrischen Unterschied zwischen Geraden und Kurven. Das leuchtet unmittelbar ein.

Beim zweiten Problem geht es um den topologischen Unterschied zwischen einer einfachen, unverzweigten, offenen Kurve (im weiteren Sinne; sie kann auch gerade verlaufen) und einem Linienzug, der in sich zurückläuft oder sich gabelt. Das hatte die Kandidatin gemerkt und auch richtig beschrieben.

Denken wir uns einen lateinischen Großbuchstaben aus einem elastischen Material hergestellt, das man stauchen oder dehnen kann und das auch hochgehoben und anderswie hingelegt werden darf. Zwei Buchstaben sind „topologisch äquivalent", wenn sie sich durch solche Verformungen ineinander verwandeln lassen. Es ist aber natürlich nicht erlaubt, die Buchstaben zu zerschneiden oder Teile davon mit sich selbst zu verbinden. Es ist eine interessante Übung, alle Buchstaben in topologisch äquivalente Klassen einzuteilen.

Zum Beispiel sind E, F, Y, T und J topologisch gleichartig. Aber K und X gehören in eine andere Klasse. Solche Überlegungen können Sie auch mit Kleinbuchstaben und Ziffern anstellen. Allerdings müssen Sie beachten, wie die Typen jeweils gestaltet sind. Zum Beispiel kann die „Vier" in verschiedene Klassen gehören, je nachdem, ob sie **4** oder **4** geschrieben bzw. gedruckt wird.

Abschiedsworte

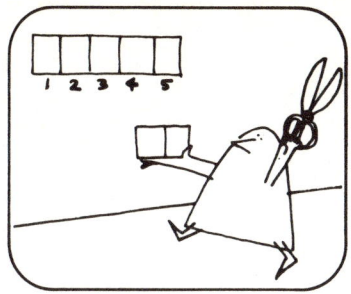

Prof. Wortler: „Nun, meine lieben Zuschauer, habe ich zum Abschied noch drei Quickies für Sie. Erstes: Welches Wort mit fünf Buchstaben wird kleiner, wenn man zwei Buchstaben hinzufügt?

Zweites: Welches aus vier Buchstaben bestehende Wort endet nie?

Drittes Quickie: Kennen Sie ein aus acht Buchstaben bestehendes Wort, das nur einen einzigen Vokal enthält?"

Prof. Wortler: „Damit Schluß für heute. Sie waren ein reizendes Publikum. Wir sehen uns in der nächsten Woche wieder — gleiche Zeit, gleiche Welle. Also bis dann!"

Zu guter Letzt

Die Lösungen der Quickies lauten:
1. „klein" wird „kleiner", wenn man zwei Buchstaben anfügt.
2. Das Wort „Knie" endet „nie".
3. Das Achtbuchstabenwort mit nur einem Vokal lautet SCHLUMPF.

Hier noch ein paar weitere Quickies, um bis zur nächsten Sendung in Form zu bleiben:
1. Der Name welches US-Staates beginnt mit „10" (aber nicht Tennessee)?
2. Der Name welches US-Staates endet auf „10"?
3. Welches Wort gehört nicht in die folgende Liste:

Onkel
Tante
Vater
Mutter
Schwester
Kind

4. Welche Wörter sollen das sein?

a)   b) ⧅

5. Was ist ein Scützel?

6.

Literatur

177

Kapitel 1 — Kombinatorik aha!

The Mathematics of Choice. Ivan Niven. Random House, 1965.

An Introduction to Combinatorial Analysis. John Riordan. John Wiley & Sons, 1958.

„Combinatorial Theory." Chapter 3. *The Sixth Book of Mathematical Games from Scientific American.* Martin Gardner. W. H. Freeman, 1971.

Choice and Chance: with 1000 Exercises. William Allen Whitworth. Hafner, 1959.

„Moving Counter Puzzles." *536 Puzzles and Curious Problems,* Seiten 130—138. Henry E. Dudeney. Scribner's, 1967.

Das Pascal'sche Dreieck. In: Mathematische Hexereien. Martin Gardner. Ullstein, 1979.

Paritätsprüfung. In: Mathematisches Labyrinth. Martin Gardner. Vieweg, 1979.

Polyominoes. S. W. Golomb. Scribner's, 1965.

Kapitel 2 — Geometrie aha!

Unvergängliche Geometrie. H. S. M. Coxeter. Birkhäuser, 1980.

Unterhaltsame Geometrie. C. Stanley Ogilvy. Vieweg, 1979.

Mathematische Rätsel und Probleme. Martin Gardner. Vieweg, 1980.

Spiralen. In: Kopf oder Zahl? Martin Gardner. Spektrum der Wissenschaft, 1978.

„Playful Mice." Charles Clapham, *Recreational Mathematics Magazine,* August 1972, Seiten 5—6.

Tricks, Games and Puzzles with matches. Maxey Brooke. Dover, 1973.

Rep-tile. In: Logik unterm Galgen. Martin Gardner. Vieweg, 1980.

Würfelschnitte. In: Mathematische Rätsel und Probleme. Martin Gardner. Vieweg, 1980.

Kapitel 3 — Zahlen aha!

Recreations in the Theory of Numbers, Albert H. Beiler. Dover, 1964.

Excursions in Number Theory. C. Stanley Ogilvy and John T. Anderson. Oxford Univ. Press. 1966.

Der Affe und die Kokosnüsse. In: Mathematische Rätsel und Probleme. Martin Gardner. Vieweg, 1980.

„*Mathematical Games.*" Martin Gardner, Scientific American, July 1976.

Mathematik und Magie. Martin Gardner, Vieweg, 1981.

„*Speed and Distance Puzzles.*" 536 Puzzles & Curious Problems, Seiten 16—29. Henry E. Dudeney. Scribner's 1967.

„Clock Puzzles". *Amusements in Mathematics,* Seiten 9—11. Henry E. Dudeney. Dover, 1958.

„The Josephus Problem." W. J. Robinson. *Mathematical Gazette.* Vol. 44, February 1960, Seiten 47—52.

Kapitel 4 — Logik aha!

101 Puzzles in Thought and Logic. C. R. Wylie, Jr. Dover, 1957.

Test Your Logic: 50 Puzzles in Deductive Reasoning. George J. Summers. Dover, 1972.

Minute Mysteries. Austin Ripley. Pocket Books, 1949.

„Mathematical Games." Martin Gardner. Scientific American, May 1977.

Kapitel 5 — Prozeduren aha!

Algorithms, Graphs and Computers. Richard Bellmann, Kenneth L. Cooke, and Jo Ann Lockett. Academic Press, 1970.

New Recreations with Magic Squares. William H. Benson and Oswald Jacoby. Dover, 1976.

„How to Cut a Cake Fairly". L. E. Dubins and E. H. Spanier. *American Mathematical Monthly,* Vol. 68, Januar 1961, Seiten 1—17.

„Crossing River Problems." *Amusements in Mathematics,* Seiten 112—114, Henry E. Dudeney. Dover, 1958.

Bäume. In: Mathematische Hexereien. Martin Gardner. Ullstein, 1979.

Was ist Mathematik? Richard Courant und Herbert Robbins. Springer-Verlag, 1973.

Kapitel 6 — Sprache aha!

Language on Vacation. Dmitri Borgmann. Scribner's, 1965.

Beyond Language. Dmitri Borgmann. Scribner's, 1967.

300 Best Word Puzzles. Henry E. Dudeney. Scribner's, 1968.

An Almanac of Words at Play. Willard R. Espy. Clarkson N. Potter, 1975.

The Game of Words. Willard R. Espy. Grosset & Dunlap, 1972.

Calcu/letter. Dan Steinbrocker. Pyramid Publications, 1975.

„Calculator Charades." Patrick J. Boyle. *Mathematics Teacher,* Vol. 69, April 1976, Seiten 281—282.

„Count on the Bible with Your Calculator." Richard G. Lonsdale. *The Catholic Digest,* Februar 1977. Seiten 59—60.

Palindromes and Anagrams. Howard W. Bergerson. Dover, 1973.

„More on Palindromes by Reversal-addition." Charles W. Trigg. *Mathematics Magazine,* Vol. 45, September 1972, Seiten 184—186.

„On Palindromes." Heiko Harborth, *Mathematics Magazine,* Vol 46, März 1973, Seiten 96—99.

Das gespiegelte Universum. Martin Gardner. Vieweg, 1968.

Spiegelungen und Drehungen. In: Logik unterm Galgen. Martin Gardner. Vieweg, 1980.

Lösungen

Kapitel 2: Geometrie aha!

Teuflische Teilung

Kapitel 3: Zahlen aha!

Plattensalat: Halbe Ganze

42

Augen und Beine: Zweifüßer und Vierfüßer

Die Lösung beruht auf der Erkenntnis, daß es auch Tiere *ohne* Beine gibt, nämlich Schlangen! Nach diesem aha! ist die eindeutige Lösung leicht zu finden: Vier vierbeinige Raubtiere, zwei zweibeinige Tiere und fünf Schlangen.

Der große Zusammenstoß: Rückwärtsdenken

Hatten Sie gedacht, es dauere im Vergleich zum ersten Problem nur ein Drittel der Zeit, also 12/3 = 4 Stunden? Dann haben Sie sich geirrt. Es ergibt sich genau die gleiche Antwort wie auf die erste Frage!

Im ursprünglichen Problem teilt sich die Spore am Ende der ersten Stunde in drei Sporen. Das ist aber gerade der Zustand, mit dem die Variante *beginnt!* Wenn der Behälter im ursprünglichen Problem nach 12 Stunden voll war, so ist er jetzt bereits eine Stunde früher, also um 23 Uhr, gefüllt.

Onkel Heinrichs Uhr: Zeitbestimmung

Wenn eine Uhr für sechs Schläge 5 Sekunden benötigt, dann befindet sich zwischen den Schlägen ein Intervall von 1 Sekunde. Demnach braucht die Uhr für 12 Schläge 11 Sekunden.

Onkel Heinrich schlief nur 40 Minuten.

Flaschenwahl: Kongruenzrechnung

Auch hier kehrt man am besten die Zeitrichtung um. Halten Sie den Pik-König mit dem Bild nach unten in Ihrer Hand. Nehmen Sie dann die Dame mit dem Wert 12 auf, legen Sie sie unter den König und bewegen Sie dann, eine nach der anderen, 12 Karten von *unten nach oben.* Nehmen Sie den Buben (Wert 11) auf und legen ihn unter den Stapel. Dann ziehen Sie wieder, eine nach der anderen, 11 Karten von unten nach oben. Fahren Sie auf diese Weise fort, dann enden Sie schließlich mit einem Stapel von 13 Karten in der richtigen Reihenfolge.

Die Josephus-Zählung funktioniert nicht nur mit aufeinanderfolgenden Zahlen. Mit dem eben beschriebenen Algorithmus läßt sich ein Kartenspiel für eine Josephus-Zählung vorbereiten, wobei die Kartenfolge völlig unerheblich ist; es können irgendwelche Karten in jeder beliebigen Reihenfolge sein.

Das läßt sich mit folgendem Trick eindrucksvoll vorführen: Wir verwenden wieder die 13 Pikkarten. Statt die Werte zu zählen, buchstabieren wir den Namen jeder Karte und legen für jeden Buchstaben eine Karte nach unten. Beginnen Sie mit den Karten in folgender Reihenfolge: Bube, 10, 5, 2, Dame, 7, 9, 3, König, 6, As, 4, 8. Buchstabieren Sie Z-W-E-I und legen Sie für jeden Buchstaben eine Karte von oben nach unten. Die Karte für I wird mit dem Bild nach oben auf den Tisch gelegt: Es ist die Pik Zwei. Nun buchstabieren Sie D-R-E-I und so weiter, bis alle Karten auf dem Tisch liegen.

Die Anordnung der Karten am Anfang wurde mit dem oben beschriebenen Zeitumkehrverfahren bestimmt. Auf diese Weise kann man sogar ein ganzes Spiel mit 52 Karten so ordnen, daß man zum Buchstabieren der vollen Namen die Karte verwenden kann, zum Beispiel H-E-R-Z-A-S, und die Farben in einer bestimmten Reihenfolge geordnet sind, etwa Kreuz, Herz, Pik, Karo.

Kapitel 4: Logik aha!

Discogeflüster mit Fallen

1. Der Gast hatte die Suppe schon gesalzen, als er die Fliege bemerkte.
2. Das Wasser erreicht das Bullauge nie, denn das Schiff wird von der Flut angehoben.
3. Der See war in Ufernähe gefroren, als Solo Seleno darauf entlang ging.
4. Die Züge fuhren zu verschiedenen Zeiten durch den Tunnel.
5. Der Häftling befand sich gerade kurz vor dem Ende einer langen Brücke. Er mußte dem Polizeiwagen entgegenlaufen, um von der Brücke herunterkommen zu können.

Das Meisterstück: Fehlende Beweise

Wenn Schmidt die Aufnahme abgebrochen hätte, als Müller den Raum betrat, wäre das Band nicht zurückgespult gewesen. Der Mörder mußte sich das Band mehrmals angehört haben, um sicherzugehen, daß die Aufnahme auch echt wirkte. Dabei machte er den fatalen Fehler, das Band zurückgespult zu hinterlassen.

Professor Achs Test — Professor Achs Lösungen

1. Knicken Sie das Streichholz in der Mitte, ehe Sie es fallen lassen.
2. Wenn man ganz langsam Sand in den Schacht einfüllt, wird das Vogeljunge versuchen, obenauf zu bleiben.
3. Knoten Sie eine kleine Schlinge in den Faden und schneiden Sie dann die Schlinge durch.
4. Ein 20 cm langes Stück des Rundholzes hat einen rechteckigen Querschnitt von 20 cm x 5 cm und paßt genau in das Loch.
5. Messen Sie mit dem Lineal den Durchmesser und die Höhe der Flüssigkeitssäule in der Flasche. Daraus läßt sich das Volumen des Weins leicht berechnen. Dann stellen Sie die Flasche auf den Kopf und messen die Höhe der entstandenen Luftsäule. Auch deren Volumen läßt sich nun leicht berechnen. Durch Addition der beiden Volumina erhalten Sie das Fassungsvermögen der Flasche. Daraus ergibt sich dann sofort der gesuchte Prozentsatz.

Friseurgespräche: Überraschende Lösungen

1. Er schlug vor, jeder Rennfahrer solle eines anderen Wagen fahren. Der Preis war für den Fahrer ausgesetzt, dessen *Wagen* als letzter ins Ziel käme, *nicht* für den *Fahrer* des letzten Wagens.
2. Halten Sie das brennende Streichholz unter ein Glas mit Wasser.
3. Es handelte sich um ein Autokino.
4. Er verläßt das Zimmer und kriecht auf Knien wieder hinein.
5. Der Punktstand vor Spielbeginn ist immer Null zu Null.
6. Der Wellensittich war taub.
7. Drücken Sie den Korken in die Flasche.

Mord auf dem Gletscher: Die einfache Fahrkarte

1. Der Chirurg war die Mutter des Jungen.
2. Der Franzose hatte auf seine eigene Hand geküßt und dann den SS-Führer geschlagen.

Schluck den Schreck: Das Spiegelbild

1. Der Diener drehte das Kästchen um und schob den Deckel vorsichtig gerade soweit zurück, daß ein paar Steine herausfielen.
2. Die Frau ging zu Fuß.

Kapitel 6: Sprache aha!

Quadrate und Anagramme

Die Buchstaben O WINTER lassen sich zu EIN WORT umordnen.

Auf den Strich kommt es an!

Die 11 Felder, in die man Bild 5 einteilen kann, lassen sich mit 4 geraden Linien folgendermaßen erzielen:

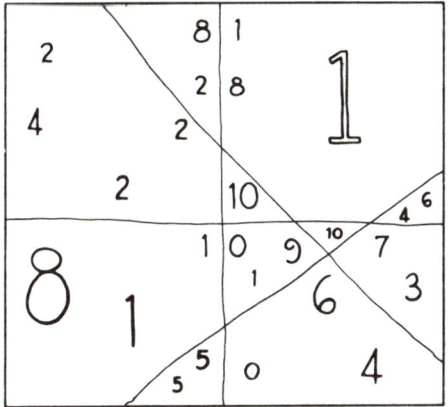

Interpunktion und Zeichen

$1 - (2 - 3 + 4 - 5) + 6 = 9$

Der goldene DATSU

Liest man vom Pfeil unten angefangen, in Pfeilrichtung in der Runde zuerst alle Buchstaben an den Ästen mit Doppelzweigen, und dann die an den mit drei Zweigen, so ergeben sich die Worte: FRÖHLICHE WEIHNACHT!

Zu guter Letzt

1. IOWA
2. OHIO
3. Das Wort „Kind" läßt als einziges nicht das Geschlecht der Person erkennen.
4. a) Rand
   b) Rind
5. Ein harmloses Scharmützel
6. IN EWIG